竹鼠高效养殖技术有问必答

潘红平　黄春梅　主编
陈　成　副主编

化学工业出版社
·北京·

全书采用一问一答的方式全面介绍了竹鼠的生物学特性、繁殖、人工养殖技术、饲养管理、疾病防治、采收加工以及运输等方面的内容。书中技术紧密结合生产实际、简明实用，文字通俗易懂，并增加了提高竹鼠养殖经济效益方面的知识，以帮助养殖竹鼠的朋友提高养殖效益。

本书适合竹鼠养殖技术人员、专业养殖户，以及竹鼠养殖企业生产管理人员参考阅读。

图书在版编目（CIP）数据

竹鼠高效养殖技术有问必答/潘红平，黄春梅主编. —北京：化学工业出版社，2016.10（2019.9重印）
（农村书屋系列）
ISBN 978-7-122-27798-5

Ⅰ.①竹… Ⅱ.①潘…②黄… Ⅲ.①竹鼠科-饲养管理-问题解答 Ⅳ.①S865.2-44

中国版本图书馆CIP数据核字（2016）第184567号

责任编辑：邵桂林　　　　装帧设计：关　飞
责任校对：吴　静

出版发行：化学工业出版社（北京市东城区青年湖南街13号　邮政编码100011）
印　　刷：北京京华铭诚工贸有限公司
装　　订：三河市振勇印装有限公司
850mm×1168mm　1/32　印张5¾　字数110千字
2019年9月北京第1版第4次印刷

购书咨询：010-64518888
售后服务：010-64518899
网　　址：http://www.cip.com.cn
凡购买本书，如有缺损质量问题，本社销售中心负责调换。

定　　价：25.00元　　

编写人员名单

主　　编　潘红平　黄春梅

副主编　陈　成

编写人员　潘红平（广西大学）

黄春梅（广西大学）

陈　成（广西南宁市科技局）

曾卫军（广西农业外资项目管理中心）

吕直衡（广西农业外资项目管理中心）

梁树华（广西南宁邦尔克生物技术有限责任公司）

莫建军（广西农业外资项目管理中心）

甘铁军（广西农业外资项目管理中心）

邹玉洁（广西农业外资项目管理中心）

前言

竹鼠又称为竹狸、竹鼬等，属脊椎动物亚门、哺乳纲、啮齿目、竹鼠科、竹鼠属，是一种体形小的啮齿类动物。因喜欢吃竹子，外貌又酷似老鼠而得名。竹鼠为穴居地下生活的动物，栖息的洞道形式多样，四通八达。竹鼠昼伏夜出，野生状态下的竹鼠晚上钻出洞穴觅食，白天则喜欢用土壤将洞口堵住在洞内睡觉。我国竹鼠主要分布在长江以南，如广东、广西、湖南、贵州等地，尤以广西较多。

竹鼠是一种食草动物，繁殖力极强，其肉质细嫩精瘦，味道鲜美，营养丰富。据测定，其肉含粗蛋白质57.7%，粗脂肪20.5%，粗纤维0.85%，胆固醇0.05%，还富含磷、铁、钙、维生素E及氨基酸等，是一种营养价值高，低脂肪、低胆固醇的野味，是野味中的极品。竹鼠肉具有促进毛发生长，增强肝功能和防止血管硬化等功效，药用价值高。其毛皮绒厚柔软，光泽油润，是制皮毛服装的上等原料。

中医学认为，竹鼠的胆、肝、心、脑、睾丸、肾均可入药。胆可明目，提神健脑，可治眼疾和耳聋症；肾可治疥疮、脚气病；肝、心、脑可治心慌、惊悸、失眠等症；睾丸炒干后加冰片少许，冲开水吞服可治高热不退、呕吐和风症；骨头浸酒，可治风湿、类风湿病。

近年来，由于竹鼠食用价值、药用价值的广泛开发，同时竹鼠是食草动物，符合人们的消费观念，市场需求量也逐年递增，人们大量捕捉，使得野生竹鼠急剧减少，市场供应不足，价值上扬。因此，必须通过人工养殖来满足市场的需要。

在大力扩大竹鼠养殖数量的同时，要注重提高养殖竹鼠的经济效益，促进我国竹鼠养殖业的发展，这需要一系列的技术和管理加以保证。基于这个目的，我们在多年教学、科研和生产实践的基础上，参考了大量的文献和资料，按照“一本在手，竹鼠养殖之路健步走”的思路，编撰了本书。书中介绍了竹鼠的生物学特性、繁殖、人工养殖技术、饲养管理、疾病防治、采收加工以及运输等方面的内容，力求技术实用高效、文字通俗易懂，并增加了提高竹鼠养殖经济效益方面的知识，以帮助养殖竹鼠的朋友提高养殖效益。希望广大读者通过阅读此书，应用书中介绍的技术和方法，提高竹鼠生产效率、降低劳动强度和生产成本，获得更大的经济效益。

由于本书涉及内容广泛而新颖，加上我们水平有限，书不足之处在所难免，热忱希望广大读者提出更好的见解和宝贵的建议，以便再版时充实完善。

潘红平　博士

2016 年夏

目 录

第一章 竹鼠的经济价值及生物特性

1. 竹鼠是什么样的动物？

竹鼠，又称为竹狸、竹鼬、芒狸、竹根鼠、冬毛老鼠等。在动物学分类学上属脊椎动物亚门、哺乳纲、啮齿目、竹鼠科、竹鼠属，是一种体形小的啮齿类动物。因喜欢吃竹子，外貌又酷似老鼠，因而得竹鼠此名。

竹鼠为穴居地下生活动物，栖息的洞道形式和深度则依据山形、岩石结构或山地土壤的松软度不同，一般在30～80厘米不等，有的洞道呈网状分布，四通八达。竹鼠昼伏夜出，野生状态下的竹鼠晚上钻出洞穴觅食，白天则喜欢用土壤将洞口堵住在洞内睡觉。竹鼠的适应性较强，野外温度在－2～32℃的环境下且有竹子、芒草等粗纤维饲料的地方均可成活。

2. 我国哪些地方有竹鼠？有什么品种？

我国竹鼠主要分布在长江以南，如广东、广西、湖南、江西、贵州、四川、湖北、福建、安徽等地，尤以广西较多。

竹鼠的品种较多，按常见和其特征分有中华竹鼠、银星竹鼠、红郏竹鼠和太白竹鼠。

3. 竹鼠有什么作用?

竹鼠是一种体形小的食草动物，繁殖力极强，其肉质细嫩精瘦，味道鲜美，营养丰富。据测定，其肉含粗蛋白质 57.7%、粗脂肪 20.5%、粗纤维 0.85%、胆固醇 0.05%，还富含磷、铁、钙、维生素 E 及氨基酸等，是一种营养价值高，低脂肪、低胆固醇的野味，是野味中的极品。竹鼠肉具有促进毛发生长、增强肝功能和防止血管硬化等功效，药膳价值高。其毛皮绒厚柔软，光泽油润，是制皮毛服装的上等原料。

中医学认为，竹鼠的胆、肝、心、脑、睾丸、肾均可入药。胆可明目，提神健脑，可治眼疾和耳聋症；肾可治疥疮、脚气病；肝、心、脑可治心慌、惊悸、失眠等症；睾丸炒干后加冰片少许，冲开水吞服可治高热不退、呕吐和风症；骨头浸酒，可治风湿、类风湿病。竹鼠具有较高的经济价值。

4. 有人工驯养成功的吗？主要养什么品种?

目前在我国驯养成功的竹鼠较多，特别是南方已有较多且有一定规模的竹鼠养殖基地。人工驯养的竹鼠品种中，多为中华竹鼠和银星竹鼠，其中又以银星竹鼠的养殖数量居多，是我国市场上销售的主要品种，其占了市场份额的 70%左右，也是我国竹鼠养殖的主要品种。

5. 人工养殖有前景吗?

随着我国人口的不断增加，人均占有耕地面积不断缩

小，而导致粮食紧缺的现实比较严重，人、畜争粮的矛盾日趋尖锐。为此，必须重视发展少用粮食或不用粮食的节粮型畜牧业，多发展草食动物养殖来缓冲人、畜争粮的矛盾，这是具有重要战略意义的养殖业转型工程。许多的野生动物都被禁止养殖和食用，但野生动物一直是人们追求的美味佳肴，而竹鼠肉质鲜美，与果子狸不相上下，竹鼠又以植物根茎和农作物秸秆为食，需要的精料较少，为绿色食品，市场需求量在不断上升。竹鼠具有较高的营养价值，养殖竹鼠既有效保护野生动物，又能发展草食动物，增加收入和满足人们需求，具有生态持续发展的深远意义。

目前我国多数地方的竹鼠养殖都是以发展种源为主，竹鼠肉还不像猪肉、鸡肉、牛羊肉等走上普通老百姓的餐桌，但竹鼠已步入我国南方的大中城市、城镇的消费市场，需求量每年以3%～5%的速度递增。在广东、香港、广西、上海、湖南、浙江、福建、四川等地商品竹鼠销售一直看好，价格始终平稳，养殖户的销价在每千克80～140元。特别是春节前后，竹鼠销势更旺，价格上扬，货源紧缺。据不完全统计，广东、海南、香港、福建、上海等地每年要消费竹鼠上万吨。而目前，竹鼠养殖场多以卖种鼠为主，肉用竹鼠远远不能满足市场急剧增长的需要，商品鼠的发展空间大。

另外，由于养殖者都以销售种鼠为主，种鼠和商品鼠的供应就产生了一定的矛盾，即养殖户以销售种鼠为主，商品鼠的供应量就小；同样如果都当商品鼠养了，种鼠的供应量也会小。由于养殖技术的原因，这一矛盾在一定时期内不会改变。几年后在种鼠需求量稍缓和后，商品鼠的供应量会慢慢跟上。因此，肉用商品竹鼠在未来10年都不能满足市场的需要。而大多养殖户仍以家庭散养为主，其养殖技术和疾病防治技术掌握不多，集约化生产程度低，商品供应不足。竹鼠产品交易市场基本上处于自发和分散的阶段，生产领域尚未形成规模和龙头加工企业，未来在深加工上的发展，还需要大量的商品竹鼠，发展竹鼠养殖业前景较好。

6. 目前竹鼠人工养殖技术如何?

目前竹鼠的养殖技术还不是很成熟，仔鼠成活率还不能达百分之百，母鼠咬仔鼠吃仔鼠的问题还未得到彻底解决，这也是养殖扩大的瓶颈。竹鼠患病后的死亡率高达80%以上，很多养殖场还没有一套完整的防疾、消毒措施。而大部分养殖户因资金周转，在技术未完全掌握的情况下就开始出售种鼠，且在技术上将一些错误的做法和管理方法也传授出去，有的甚至没有进行选育繁殖，而是将近亲繁殖的鼠当做种鼠售给引种户。因此，对于初养殖的朋友应让其在引种及技术方面得到保证，降低引种风险。

7. 商品鼠和种鼠是什么价?

目前商品鼠的价格在80～140元/千克。种鼠的价格较混乱，不同地方，不同品种的价不同，有的地方还存在炒种的现象。0.5千克以上的一公一母种鼠在90～360元之间，一对红颊种鼠价在800～900元之间。由于种鼠的利润要比商品鼠的利润高出数倍，因而一些不负责的养殖

户为大量出售种鼠而在春季大量收购野生仔鼠用以混售；或是将近亲繁殖有缺陷的青年鼠也作为种鼠出售；有的则利用我国特养机制尚不健全的空子，打着高价回收等各种旗号进行“炒种”，以高于市场合理价格的3倍以上作为种源销售；一些没有办证的养殖场因对引种户的运输手续不予以负责、低价出售种鼠等，从而造成种鼠价格的混乱。因此，初次引种者最好选择信誉好，有合法的两证（野生动物养殖许可证、野生动物经营利用许可证），具有繁殖选育能力的养殖场引入合法鼠种。

8. 有竹鼠的专用饲料吗？

尽管我国竹鼠养殖规模正不断扩大，但对其营养生理和配合饲料的研究起步比较晚，导致市场上至今鲜有生产出能满足其正常生长发育所需营养的配合饲料。尽管各地陆续有竹鼠的人工配合饲料的研制成功报道，可是真正可以制作成颗粒饲料并推广使用的配合饲料，目前市场上还没有，多数配方也是利用兔类或其他实验动物的饲料配方加以改进而成。饲料方面的因素在很大程度上制约了竹鼠的养殖规模和快速发展。

竹鼠以植物根茎、竹子等为主，其饲料可分为天然植物根茎类和人工配合饲料。而竹鼠又特爱吃甘蔗，广西的甘蔗以质优量多出名，加之气候因素，养殖竹鼠具有得天独厚的条件。但经证实，只是饲喂单一的植物根茎，如甘蔗、竹子不能满足竹鼠生长发育所需要的各种营养成分。竹鼠从断奶开始到750～1000克的阶段是其生长速度较快的阶段，这个阶段提供营养充足平衡的优质饲料去满足竹鼠的营养需要，是竹鼠养殖整体效益的关键。

9. 中华竹鼠长什么样？什么地方有？

中华竹鼠（图 1-1）又称为灰竹鼠，体形跟家鼠很相似，但体形比家鼠大，且较圆肥，成熟后体长约 40 厘米，野生状态下的体重在 1.5～2 千克，由于人工饲养条件下提供养营均衡的食物，部分鼠可以长到 3 千克左右。中华竹鼠嘴短圆；吻大；门牙锐利，上门牙特别粗大，第一对门齿为恒齿，即出生时就有，不脱换，而且随着生长发育不断地生长，须借助采食和啃咬坚硬的木条或是竹子达到不断磨损，才能保持上下门齿的正常咬合，上门牙齿与腭骨垂直，上齿列冠面前倾，下齿列冠面则后倾，第一上臼小于其他二臼，第二臼齿最大，第一、二臼齿外侧有两个凹褶，内侧有一个凹褶，第三臼齿内侧各有 2 个凹褶，龄

图 1-1　中华竹鼠

大的竹鼠则在长期的磨损后齿冠面侧都成孤立的齿环，这是区别老龄竹鼠的特征之一；鼻骨前宽后窄，后端较尖；眼圆小，位于前额表面；耳小而圆，耳廓半隐入体毛内，听觉灵敏；颈短而粗；体毛均匀厚实，密而柔软，背毛长，腹毛稀疏而且较短，老年鼠背毛呈棕黄色，幼鼠及青年鼠毛均为灰黑色；四肢粗壮，爪锋利，利于挖掘洞穴，后肢能直立，前爪五指灵活，有利于攀爬和拿食物；尾短小无毛；母鼠胸前、腋下和腹部间分布有 3～5 对乳头。中华竹鼠年繁殖 1～3 胎，每胎产仔 1～4 只，多的可达 6 只，主要栖息于我国南部的广东、广西、云南、贵州、福建、四川等地。

10. 银星竹鼠长什么样？主要分布在哪里？

银星竹鼠（图 1-2）又称为白花竹鼠，其体形比中华竹鼠稍大，成熟后体长在 45 厘米左右，野生状态下成熟

图 1-2 银星竹鼠

后的体重一般在 2.5 千克左右，人工养殖状态下可达到 3～4.5 千克。毛基色为褐灰色，背毛具有许多带白色的针毛伸出毛被之上，即毛尖带点状白色，犹如毛被上蒙上一层白霜。尾巴较短。其他基本与中华竹鼠相同。银星竹鼠年繁殖在 2～4 胎，每胎产仔 1～4 只，多的达 6 只。栖息于广西的以银星竹鼠为主。

11. 红颊竹鼠长什么样？主要分布在哪里？

红颊竹鼠（图 1-3）为我国一级保护动物。因其脸颊被毛呈淡锈棕红色或棕红色而得此名；其颌下为白色；颈后部毛色黑色；背部颜色从后脑到背部黑色逐渐变灰色；被毛粗糙、稀疏；尾粗大且长；体成熟后长 40 厘米左右，体重 2～3.5 千克；尾尖棕黄色或黄色；上牙门齿与腭骨成一锐角并略向前倾斜，母鼠胸部有 2 对乳头，腹部有 3

图 1-3　红颊竹鼠

对乳头。因红颊竹鼠对气候非常敏感，一般生活在湿润的山岭。不管是野生状态下还是人工养殖状态下其繁殖率均不高，一般年产仔 1 胎左右，产仔 1～3 只。主要栖息于我国云南和缅甸交界处，不适宜大规模饲养。

12. 太白竹鼠长什么样？主要分布在哪里？

太白竹鼠又称为纯白大竹鼠，毛基色纯白，老龄后的鼠毛色略黄，眼睛棕红，皮呈粉红色，牙齿与中华竹鼠无多大区别，体重 2～3.5 千克。繁殖率极低，已濒临灭绝，人工饲养不现实。生活适应性差，主要栖息于云南西双版纳和广西西北部。

13. 竹鼠母鼠有什么样的生殖系统？

母鼠的生殖系统由卵巢、生殖管（输卵管、子宫）、交配器和产道（阴道、尿生殖前庭及阴门）等几个部分组成。

母鼠的卵巢为椭圆形，附于两肾后外下方的肾脂肪囊表面，输卵管则借助卵巢韧带与子宫角的末端相连。输卵管为一对细长而弯曲的管，位于子宫阔韧带的上缘，内侧与宫角相连通，外端游离，接近子宫的输卵管部分管壁厚，径小，子宫口突出于阴道中，阴道为长圆筒状，前连子宫，后连尿道前庭，前半部位于腹腔内，后半部在骨盆腔内。阴道黏膜形成较多横行的黏膜褶，阴道穹隆呈半环状，尿生殖前庭在阴道的后方，后端阴门与体外相通呈压扁圆筒状，未产仔的母鼠阴门被阴道膜封闭。

14. 公竹鼠的生殖系统是怎样的？

公鼠的生殖系统由睾丸、附睾、输精管、尿生殖道、精囊腺、前列腺、尿道球腺、阴茎以及阴囊等组成。睾丸在公鼠后股内侧两腿间。附睾分为附睾头、附睾体和附睾尾，附睾附于睾丸的内侧缘，附睾头部较窄，向后逐渐变宽，附睾尾部较大。输精管由附睾管延伸而成，开口于尿生殖道起始部背侧壁的精阜，精索则较短，为扁平的圆锥形结构体。精囊腺位于膀胱颈的背侧、输精管末段的侧方，排泄尿液的管道与同侧的输精管共同开口于精阜，腺体发达，呈三棱柱状，腺叶体呈结节状。前列腺则位于精囊腺后方，阴茎像长圆柱状细长的肉样海绵体，阴茎尖端呈长圆锥形，尿生殖道开口于阴茎尖端的腹侧，开口较大，阴囊位于骨盆腔腹侧与骨盆汇合的侧方，由腹壁下陷而形成。

人工养殖过程中，发现已达成熟期的公鼠仍未见睾丸（隐睾或单睾），故没有繁殖能力，不能作为种鼠，应对其做商品肉鼠淘汰掉。

15. 竹鼠住什么地方？

竹鼠属夜行性动物。喜在阴暗、凉爽、干燥以及干净的环境中生活，野生状态下的竹鼠主要穴居于竹林、芒草地，以及芒草与灌木杂生地，土壤相对松软的半山地洞内。其挖掘的洞道复杂，洞穴四通八达，其深浅、数量依据地形的不同而不同，其洞一般有主洞道、穴窝、取食洞和避难洞等。主洞道距地面 30～80 厘米；穴窝是休息和

繁殖的场所，多以干草、竹叶或树叶等垫窝，竹鼠一般不在休息的穴窝内大小便，而是在一个附洞内排泄；其他分支洞则是受惊吓、遇敌害时逃跑、避难的场所。一般洞口用土封住，以防天敌发现其洞穴或受外界打搅。若遇外敌入侵时则用两前尖趾迅速挖掘，并用泥堵住洞道。

由于竹鼠的挖洞能力很强，因此，人工养殖条件下，应根据竹鼠穴居的习性建造养殖池，建造原则既要方便投料、观察、清洁卫生、捕捉，还要防逃跑。饲养池一定要坚固，四周要光滑且有一定的高度，以防掘洞或是越栏逃跑。

16. 竹鼠吃什么？

竹鼠为广食性动物，耐粗食，主要以竹子为主食，野生状态下的竹鼠以竹子、竹根、芒草秆、芦苇、鸭脚木根茎、山姜子根茎、甜象草秆、木薯、红薯、马铃薯、胡萝卜、荸荠、玉米、甘蔗等为食。人工养殖下投喂的青粗料多为竹枝、竹竿、竹叶、甘蔗、鸭脚木、甜象草以及篁竹草秆，并适当投喂些米饭、鱼粉、黄豆粉、米糠、豆粕、麦麸、骨粉、瓜果皮以及各种微量元素等，以满足竹鼠的生活需要。竹鼠食量小，一只成年竹鼠每天所需精料在25克左右，青粗料在300克左右，白天多睡少食，夜间活动旺盛，采食多。

由于人工养殖下投喂的精粗饲料所含的蛋白质、糖分含量比较高，因而其在人工养殖下的生长要比野生状态下的生长速度快，且体形也略大于野生的竹鼠，性格也比野生的温驯得多。

17. 竹鼠的活动有规律吗？

竹鼠属夜行性哺乳类动物，活动以夜间为主，白天则在洞穴内睡觉，活动少。野生状态下的竹鼠白天在穴洞内睡觉，傍晚开始出洞活动玩耍、觅食、交配，活动最为频繁的是傍晚至凌晨；人工养殖下的竹鼠由于受人为因素的影响，其活动规律则随管理方法的影响而改变，但白天除采食外多数时间处于睡觉状态。

由于竹鼠夜间活动量大，白天熟睡后对外界的反应较差，因此，人工养殖中白天少投料，夜间多投饲料，以保证供应足够的食物，并注意天敌的入侵和避免不必要的惊扰及较大的噪声，以免对竹鼠造成不必要的损伤。

18. 竹鼠喜欢安静还是热闹？喜光还是怕光？

竹鼠的听觉和嗅觉非常灵敏，但视觉低下，造成眼睛视力低下的原因为其长期营洞穴生活而致，所以竹鼠对高温和阳光的直射会感到烦躁不安和恐慌，特别是对突然的大噪声和惊扰会惊慌躲藏，无处可藏时则会竖直身体，发出“咯、咯或呼、呼”的咬牙声或吹气声，以示随时准备反击或示威。

因此，人工养殖条件下，养殖场应保持安静，避免突然过大的噪声和惊扰。对鼠池、窝营造较暗的环境，避免强光直射，光线过亮应进行遮光，以利于竹鼠的生长。

19. 竹鼠耐寒吗？怕热吗？

竹鼠为毛皮动物，耐寒怕热，尤其怕阳光直射，也怕

风吹雨淋，如冬天冷风直吹又缺少窝草就极易死亡，所以冬防冷风吹、夏防暑很重要。由于竹鼠自身调节体温的能力较差，它缺乏汗腺，很难通过出汗来调节体温，被毛浓密使体表热能不易散发，这就是竹鼠怕热的主要原因。但被毛浓密，使竹鼠具有较强的抗寒能力。但仔鼠的抗寒能力较差，应注意保暖。竹鼠对温度突然的变化较为敏感，不适应温度的剧烈变化，如冬天突然变热、秋天突然变凉，如不加以注意就会患感冒，引起肺炎导致死亡。冬季要注意防寒保温。

20. 竹鼠喜欢啃硬物吗？

竹鼠属哺乳啮齿类动物，出生时就具有门齿，即恒齿，具有终生生长的特点，如果得不到应有的摩擦，牙齿就会越来越长，直至刺伤齿龈，或是下牙顶穿上颚，影响采食及进食困难，甚至死亡。竹鼠为了保持牙齿适当的长度和牙面的吻合，必须通过啃咬硬物本能地将齿磨平，使上下颌齿面吻合，因此其具有啃咬硬物的习惯，如啃咬竹子、树枝或树根。

人工养殖下的竹鼠还会啃咬砖头、瓷砖等栏舍设施。为了竹鼠的牙齿生长受阻及避免造成养殖设备的损坏，应在笼中投入带叶的竹秆、甘蔗或是粗硬的牧草秆、鸭脚木等硬物任其啃咬、磨牙，既可让竹鼠得到补充营养，又可防止啃咬设施。

21. 竹鼠喜欢干爽干净还是喜欢湿、脏的生活环境？

竹鼠是喜欢干净的动物。野生状态下的竹鼠睡觉、存放食物、大小便都有专门的洞，在睡觉的主洞里垫以竹叶或是枯草，不随意大小便，而是在附近专设一洞，洞里干燥且干净。竹鼠对环境温湿因素的变化也较敏感，温、湿度大或小均会引起发病。

因此，人工养殖条件下应营造干净清洁的环境，每天定期打扫卫生，鼠舍应设有漏粪网，使排出的粪便自动漏出鼠舍或窝外。注意温、湿度的调控。

22. 竹鼠是群居动物吗？

在野外，来自不同家庭的竹鼠很少在一起大群生活。野生状态下的竹鼠洞穴里多为一公一母穴居，也有的是仔鼠和母鼠群居。

人工养殖条件下，因场地原因将不同群的幼鼠合群养殖一般不会打斗，只有在受到强烈刺激、抢食、争夺领地，或是受到惊吓时才会相互撕咬和打斗。但不同群的青年或是成年竹鼠混养时，未发情则打斗不休，若是处于发情期的公母鼠则很少打斗。已交配过的公母鼠，因产仔而分开，断奶后重新合群时，个别也会出现打斗的情况，有的进窝见到带仔母鼠，则会将仔鼠咬死后方与母鼠同居。怀孕后的母鼠性情易变，也容易出现撕咬同池的公母鼠，或是产仔后易出现吃仔的现象。

因此，怀孕后及产仔时的母鼠最好分开单独饲养，并严防家禽等进入场内，保持场的安静。

23. 竹鼠行动快吗？

竹鼠的前肢灵活，后肢粗壮有力，行动迅速敏捷。竹鼠可用前肢对竹子、甘蔗、牧草秆等食物进行抓、抱、拿

等动作，吃甘蔗等食物时喜欢用前肢爪子抱着吃。在遇到天敌袭击或是外界干扰受惊吓时逃跑迅速，选择藏身之地、攀爬竹竿、岩壁等迅速。当无处可逃且感觉危险逼近时，会用前肢撑地与后腿蹬地，并露出锋利的门齿，发出“呼呼”的警告示威声，随时作还击准备状。一旦被激怒或是被侵害，温顺的性情立即变得凶悍，咬住后不轻易松口。在人工养殖过程中，有的饲养人员因打扫卫生或是拿放食盘时，不小心被攻击咬住后，用力向竹鼠的脸部吹气，可让其松口，再用消炎止痛的药涂擦即可。

24. 竹鼠多大可以繁殖？孕期多久？一胎能产多少仔？

7月龄以上体成熟的竹鼠已达到性成熟，并开始交配。母鼠约15天左右发情1次，发情持续时间1～2天。母鼠妊娠期为50天左右，哺乳期40天，仔鼠从出生到开眼需要23天左右。一般年产仔鼠在3胎，产仔数一般为1～4只，多的可达6只，一只优良的母鼠可年产仔鼠在10只左右。初生的仔鼠体重多为30多克，母鼠营养好、产仔数量少的仔鼠体重40～50克，1周后体重增加约1倍。刚出生的仔鼠全身无毛，体色红润，3天后皮肤逐渐变成灰黑色，即开始长毛；眼睛紧闭，耳孔闭塞，调节体温能力差，消化器官不完全。开眼后的仔鼠即可边吸吮母乳，边吃饲料。因此，人工养殖时应注意投喂一些易消化的粗料让仔鼠采食。

25. 竹鼠对温度有什么要求吗？

竹鼠为皮毛动物，耐寒怕热。适合竹鼠生长的环境温度为5～35℃；最适宜的生长发育及繁殖的环境温度为18～28℃；温度达到32℃以上时，竹鼠的食量减少，竹鼠少交配或不交配，繁殖率低，生殖机能退化；温度高于35℃以上时，极易中暑，死亡。

26. 湿度多少适合竹鼠生活？

一般竹鼠场内的环境相对湿度以50%～65%为好，过高且通风不良则易滋生大量的细菌；过低易干燥，干燥的环境易使粪便残渣、灰尘等随竹鼠的活动而飘扬，竹鼠呼吸后易患呼吸道等疾病。

27. 竹鼠喝水多吗？

水是一切动物生长、生存不可缺少的物质之一。有消化通便、加强新陈代谢、促进营养吸收、调节体内平衡的作用。虽然竹鼠不是嗜水动物，但每只竹鼠每天需要的饮水在25毫升左右。若竹鼠缺水则会消化不良、粪便干燥、被毛枯黄、眼凹陷、新陈代谢慢，易引起便秘和胃肠疾病等；若水分过大，则易使鼠舍潮湿，不利于竹鼠的生长。因此，在人工养殖中须提供适量的清洁的饮水，以维持正常的生长和发育所需要的水分。

第二章 竹鼠的饲料

28. 竹鼠的生长需要哪些营养?

动物的一切生命活动都需要能量，竹鼠也不例外，需要能量维持生命活动，进行新陈代谢。竹鼠必须通过采食饲料从外界摄取一定数量的多种营养物质才能获得能量。在生命的全过程中，竹鼠需要蛋白质、脂肪、碳水化合物、矿物质、维生素和水等几大类营养物质。这些营养物质为竹鼠提供能量，以维持其生命活动，或转化为体组织，或参与各种生理代谢活动。各种营养物质的数量要求，是合理配合饲料的依据，任何一类营养物质的缺乏，都会造成生命活动的紊乱，甚至引起死亡。了解竹鼠的营养需要和营养物质对竹鼠的一些作用，是科学养好竹鼠的重要环节。因此，在人工饲养条件下，选择配合饲料时，既要注意营养丰富、全面，适口性好，又要考虑到成本低廉、饲料来源易解决等问题。

29. 蛋白质对竹鼠有什么作用?

蛋白质是一切生命的基础，在竹鼠的生长、繁殖等过程中起着极其重要的作用。竹鼠的许多重要组织、器官，如肌肉、神经、内脏器官、血液和皮毛等的主要成分都是由蛋白质构成。在竹鼠的生命活动、代谢过程中，蛋白质是其他营养物质所不能替代的。

30. 竹鼠对蛋白质的日需要量是多少？有什么影响？

一般生长期和妊娠期的竹鼠每日需要的粗蛋白质量为14%，哺乳期以15%为宜。若缺乏蛋白质，会导致竹鼠体重下降，生长受阻，毛色暗淡无光泽，母鼠发情不正常，或不易受孕、胎儿发育不良、易流产，产生死胎、畸形胎等现象，初生的仔鼠生命力差，成活率低。公鼠精液品质差，精子数量减少，精子活力差，性欲减退。反之，若配给的日粮中蛋白质过剩，不仅浪费饲料，还会引起消化不良加重肠道的负担，引发中毒、腹泻等疾病，严重的则导致死亡。

构成蛋白质的基本单位为氨基酸，若供给的氨基酸不平衡，即使满足了竹鼠对蛋白质的需要量，也不能很好地发挥竹鼠的生产性能。由于赖氨酸和蛋氨酸可提高其他氨基酸的利用率，在竹鼠的日粮中适当添加赖氨酸和蛋氨酸，可有效地提高蛋白质的利用率。

人工驯养过程中，为提高饲料中蛋白质的利用率，常采用多种饲料配合饲喂，使各种氨基酸互相补充。由于豆粕、麦麸、玉米粉、米糠等精饲料中的氨基酸含量较高，在其中添加赖氨酸和蛋氨酸，是比较适合竹鼠的蛋白质饲料。要使幼鼠生长发育良好，种鼠的繁殖力强，必须喂给配合饲料，保证日粮中含有足够的蛋白质。喂以配合的饲料，可使竹鼠的生长成熟期提前，从而提高经济效益。

31. 脂肪对竹鼠有什么作用？

脂肪是属于高能量物质，主要作用是产生热能，供给

竹鼠能量和必需脂肪酸，是沉积体脂的营养物质之一，也是构成竹鼠体组织的重要组成成分，此外参与形成细胞膜的结构，具有保护内脏器官和皮肤的作用。所产生的热能有助于竹鼠对维生素 C、维生素 E、维生素 A、维生素 D 等的吸收利用。竹鼠体内沉积的脂肪，主要是由饲料中的碳水化合物转变为脂肪酸后合成的。但由于脂肪酸中的亚麻油酸等不能在竹鼠体内合成，必须从饲料中获取。

32. 竹鼠对脂肪的日需要量是多少？

脂肪不易消化，也不能投喂过多，一般竹鼠的日粮中适宜的脂肪含量为2%～5%，发育期、妊娠期、哺乳期母鼠和冬季的日粮中含量为3%～4.5%，青年竹鼠日粮中的脂肪含量以2%～3%为宜。

33. 脂肪对竹鼠有什么影响？

若竹鼠缺乏脂肪，则会导致竹鼠消瘦和脂溶性维生素缺乏症，生长发育不良，性成熟推迟，性功能下降，生长缓慢，消化系统发育不全，身体机能受阻，脱毛，精神不振；母鼠受孕率下降，产仔数量减少，仔鼠成活率低；公鼠副性腺退化，精子发育不良，精子数量减少。若脂肪过多，超过日粮的6%，则会降低饲料的适口性，饲料转化率和吸收率下降，甚至出现消化不良、腹泻及死亡。

34. 碳水化合物对竹鼠有什么作用？

碳水化合物包括两大类：一类为无氮浸出物，包括淀粉和糖；另一类为粗纤维。碳水化合物的主要作用是为竹鼠机体提供热能和储积脂肪。糖类主要分布在肝脏、血液和肌肉中，占体重不到1%，主要功能是产生热能，维持生命活动和体温。碳水化合物同时参与细胞的各种代谢活动，如参与氨基酸、脂肪的合成。利用碳水化合物供给能量，可以节约蛋白质在体内的消耗。在植物性饲料中，如竹鼠喜爱的竹子、甘蔗、玉米秆、甜象草、甘薯等含有大量的无氮浸出物和纤维素。

粗纤维是植物性饲料中不易消化的物质，但竹鼠对饲料中的粗纤维消化率很高，在消化生理上，具有在肠道中形成微生物吸收和繁殖的环境、刺激胃肠蠕动和消化液分泌、促进消化及吸收的作用。粗纤维在竹鼠的消化道中还起着充盈肠道的作用，使竹鼠具有饱感；粗纤维还具有稀释淀粉，防止过多的淀粉进入后部肠道，引起腹胀、腹泻等疾病的发生。

35. 竹鼠每天对粗纤维的需要量是多少？

竹鼠日粮中适宜的粗纤维含量一般为15%～45%。幼鼠由于消化道弱些，日需要的量为15%～25%；10周龄左右的生长期的竹鼠投喂日粮含粗纤维以30%～40%为最佳。若日投喂的粗纤维达到60%左右，则饲料转化率则会降低至13%左右。

36. 碳水化合物过高或过低对竹鼠有什么影响？

人工驯养过程中，若投喂的高能量、高蛋白质精饲料过多，而粗纤维供给量不足，则易导致竹鼠肠道蠕动减慢，食物通过消化道时间过久，从而引起消化紊乱，出现

腹泻等消化道疾病。若日粮中粗纤维含量过高，则会引起肠道蠕动和食物通过消化道速度过快，营养浓度降低，吸收的营养成分下降，也容易导致竹鼠的各种性能下降。另外，投喂含淀粉的饲料也不宜过高，过高影响竹鼠的食欲，引起肠道不适甚至腹泻。

37. 矿物质对竹鼠的生长起什么作用?

无机盐和微量元素在竹鼠体内的生理过程中起着重要的作用。矿物质是竹鼠体组织的重要成分之一，对调节体内酸碱平衡和维持正常渗透压起着重要的作用，是生长发育、繁殖、增强抗病能力必不可缺少的营养物质，竹鼠体内的矿物质根据它在体内含量的多少分为常量元素和微量元素两大类，如钙、磷、钠、铁、铜、锌、锰、氯、硫、钴、碘、硒和镁等。通常占竹鼠体重在0.01%以上的元素称为常用元素，如钙、钠、磷、钾、镁、硫、氯等；占竹鼠体重在0.01%以下的元素称为微量元素，如铁、铜、锌、碘、钴、硒、锰等。

38. 各种微量元素过多或缺乏对竹鼠的生长有什么影响?

钙与磷是组成竹鼠外骨骼的重要成分。钙和磷是竹鼠体内含量最多的矿物质，在骨骼和血清中含有大量的钙。母鼠怀孕期间，血清含钙量比平时高。细胞活动和血液凝固都需要钙质。钙和磷以磷酸钙存在于血清、肌肉和神经组织中。若投喂的日粮中缺乏钙和磷，会引起软骨病、软脚病、幼鼠发育不良和佝偻病等。各种豆类、糠麸类、籽实类饲料、骨粉等富含磷和钙，玉米秆、甘蔗、牧草秆等也含有钙和磷，谷物中含的磷较多。若缺钙可适当添加骨粉、贝壳粉、碳酸钙等。各种蛋白质饲料是硫的重要来源。因此，在投喂饲料时应合理搭配好。

钠和钾存在于竹鼠的体液和软组织中，常与氯或其他非金属离子化合成盐类。它主要是维持血液的酸碱度和渗透压。能促进消化酶的活动，有利于脂肪和蛋白质的消化吸收，同时还能增进食欲，帮助消化。饲料中一般不会缺钾，但钠和氯在植物性饲料中含量较少，不足时可适量从食盐中得到补充，在给竹鼠投喂的饲料中加入少量的食盐水补充钠即可，但用量不可过多，否则易引起食盐中毒。

铁、铜和钴是造血的重要物质。铁是血红蛋白的重要成分，若缺铁就会发生贫血。红黏土中含有大量的铁，青绿饲料也含有一定量的铁。铜是形成血红蛋白所必需的催化剂，若缺铜则影响铁的正常吸收，同样会产生贫血。钴是维生素 B_{12} 的主要成分，而维生素 B_{12} 有促进红细胞再生与血红素形成的作用，因此，缺钴会引起恶性贫血。

锰、锌、碘、硒等元素在竹鼠体内含量较少，但不可缺少，若缺乏则会影响竹鼠的正常生长发育和繁殖力。在人工饲养下，竹鼠所需的矿物质等微量元素可通过对饲料拌入添加剂来满足竹鼠的生长发育需要。

39. 竹鼠的生长需要哪些维生素?

维生素是竹鼠生长繁殖不可缺少的物质。虽然竹鼠对其他维生素的需求量较少，不构成竹鼠体组织的物质，也不是供给能量的物质，但参与竹鼠体内的主要物质代谢，是代谢过程中的激活剂。维生素的种类有 30 多种，主要

有维生素 C、维生素 A、维生素 D、维生素 E、维生素 K、维生素 B_1、维生素 B_2、维生素 B_{12} 等，其中维生素 A、维生素 D、维生素 E、维生素 K 等属脂溶性维生素，B 族维生素和维生素 C 则属于水溶性维生素。青粗饲料中均含有维生素，有的则可通过竹鼠肠内微生物合成。维生素的生理功能很多，饲料中无论缺乏哪一种维生素，都会造成新陈代谢紊乱、生长发育停滞，同时抗病力下降，易患病。

40. 各种维生素对竹鼠的生长有什么作用及影响?

（1）维生素 A　促进竹鼠生长、增强视力、保护黏膜，在繁殖期、幼鼠生长期特别重要。若缺乏维生素 A 竹鼠会出现夜盲症、生长缓慢、抗病力下降、疾病增加、生长繁殖停止。妊娠母鼠胚胎发育受阻，易引起流产，产畸形胎；公鼠睾丸发生变质性退化，精子数量减少。各种青绿饲料中含有丰富的胡萝卜素，在竹鼠体内能转变成维生素 A，是竹鼠维生素 A 的重要来源。所以，适量地在饲料或饮水中添加复合维生素，对维护竹鼠的身体健康很有好处。

（2）维生素 D　主要调节竹鼠肌体血钙的浓度，促进肠道对钙、磷的吸收，维持竹鼠体液中钙、磷的平衡，从而促进竹鼠的正常发育，保证骨骼的正常钙化。若缺乏则会影响骨骼生长，引发佝偻症、掉牙齿等。

（3）维生素 K　又称为止血粉，主要促进肝脏合成凝血酶原，并促进血浆凝血因子在肝内合成，保证血液正常凝固。若竹鼠缺乏维生素 K 时，则会引起胃肠道出血，外伤出血不止，妊娠母鼠胎盘出血、流产等症。各种青饲料均含有丰富的维生素 K，即使是喂给竹鼠精料时也要配以青饲料喂之。

（4）维生素 E　又叫生育酚，与竹鼠繁殖机能有关。其作用是增进母鼠的生殖机能，提高母鼠的怀孕率，也能改善公鼠体质。若竹鼠缺乏维生素 E，则易引起肌肉营养性和生殖障碍，繁殖能力下降。母鼠受孕率低或不孕、流产或死胎；公鼠精液质量下降。在谷物类籽实及青绿饲料、发芽的种子里，都含有丰富的维生素 E。因此，不管是幼鼠或成年鼠在喂以青粗饲料或精料的同时需适量添加复合维生素喂之，对维持竹鼠的身体健康很有好处。值得注意的是，在对繁殖鼠投喂维生素 E 时应与亚硝酸钠片、硒混合用，一起加入多种维生素（如金赛维）里投喂，以增加竹鼠机体对维生素 E 的吸收和促进生殖系统的发育。

（5）维生素 C　又称为抗坏血酸，参与竹鼠体内氧化还原反应，促进细胞间质的生成，降低毛细血管的通透性和脆性，并具有解毒、消炎抗过敏的作用，能起到保护酶系统中巯基酶免遭破坏，增强肝脏的解毒功能。若竹鼠缺乏维生素 C，易引起败血症，导致四肢麻痹、行动困难、体质衰弱、生殖机能降低、发育不良、抗病力低，甚至引起死亡。夏季酷热时，给竹鼠补充些维生素 C，还可减少竹鼠的热应激。

（6）B 族维生素　与竹鼠的生长关系也较密切，它们的功能是促进生长发育，加速新陈代谢，增强食欲，健全神经系统。若竹鼠缺乏维生素 B_1，幼鼠会患多发性神经炎；缺乏维生素 B_2，幼鼠会食欲下降，生长停滞，足部神经麻痹；缺乏维生素 B_5 会导致竹鼠干瘦、脱毛；缺乏

维生素 B_6，竹鼠会出现贫血、食欲不振、消化不良、口鼻出现脂溢性皮炎。豆类、青绿饲料中均含有丰富的 B 族维生素。叶酸促进竹鼠机体核酸代谢，加速细胞的分裂和增殖，若缺乏时，可导致白细胞减少和红细胞性贫血、竹鼠生长不良，有皮炎症等。

41. 水对竹鼠的生长有什么影响？

水分是一切动物生长和生存必需的物质。水在动物体内起着调节、平衡体温，增强新陈代谢，排泄代谢产物，溶解体内物质和促进营养物质的吸收、运输等作用。

竹鼠所需的水分，主要来源于粗青饲料水分和饲料拌料水等。一般情况下，投喂的青粗饲料中均含有丰富的水分，在保证足够青粗饲料的前提下，可以不用再单独喂水。但在投喂较干的饲料时和在酷热的夏季，青粗饲料中和拌料的水分不能满足竹鼠机体对水分的需要，应直接供给清洁卫生的饮用水，最好是凉开水，供水量以每只每天 25 毫升左右为宜。

水是维持竹鼠正常生长和繁殖的重要物质之一。缺水对竹鼠的危害比缺饲料更大。在有水无食饥饿的状态下，竹鼠仍可消耗体内的脂肪、糖、蛋白质等来维持生活。但若缺水，则会引起食欲下降，消化功能紊乱，抗病能力降，胃肠疾病的发生，粪便干燥、便秘，被毛枯黄，严重时引起新陈代谢障碍，生产性能下降，胚胎发育不良，死胎，畸形胎，母鼠泌乳性能差；公鼠精液下降，成活率低；仔幼鼠生长发育受阻。长期处于缺水状态下或水分不足的竹鼠，毛色干枯发黄。若竹鼠身体失去 1/3 的水分，将会导致死亡。供给的水分过多也不行，多了也不利于竹鼠的生长，水分多鼠的尿液也就多，鼠池就会很潮湿，易滋生细菌，严重的则引起鼠腹泻。除炎热的夏季外，在保证足够的青粗饲料条件下即可不需再单独喂水。

竹鼠可从投喂的青绿叶饲料或是含水分较高的瓜皮中获取，但在炎热的夏季若是没有安装自动饮水装置，应在早晚直接供给。

42. 竹鼠的食物有哪些？

竹鼠属草食啮齿类动物，其食物较多，但主要以植物性饲料为主，且以含水分不多的粗青饲料为主。人工驯养过程中，投喂给竹鼠的日常饲料按其营养特性大体可分为青粗饲料、精饲料以及添加剂。前两种是竹鼠的基本日粮，添加剂主要是加入日粮饲料中的矿物质、微量元素以及维生素，以补充日粮饲料中的矿物质及维生素等营养的不足。

43. 青粗饲料有哪些？

青粗饲料是指粗纤维含量较高的植物饲料，粗蛋白含量低，占竹鼠日粮的70%左右，是竹鼠的主要食物。竹鼠对粗纤维消化率极高，青粗饲料也是养殖竹鼠中最天然、廉价的饲料。

（1）竹、牧草类　青粗饲料类常用的有甜竹、楠竹、刺竹、桂竹、苦竹、甘蔗、甜象草秆、篁竹草秆、芒草根、玉米秆、玉米苞、玉米芯、高粱秆、红薯藤、禾草、鸭脚木、芒果枝、榕树枝、水杨柳、苜蓿秆等。

竹类是竹鼠最爱的食物之一，竹秆、竹枝、竹根及竹叶（图 2-1）均爱吃，适口性好，粗纤维含量高（达到50%左右），但粗蛋白质、钙质及粗脂肪含量较少，无氮浸出物却十分丰富。粗纤维可促进胃肠的蠕动和消化液分泌，提高消化能力；可稀释竹鼠肠道的淀粉，防止高浓度的淀粉进入肠道后引起腹胀、腹泻等。

图 2-1　竹子叶

牧草类粗料适口性好，而且含有较高的蛋白质、钙和磷等微量元素，是养殖中常用的青粗饲料，特别是甜象草秆。目前很多竹鼠养殖户只给竹鼠投喂竹子、甘蔗和精料，但由于甘蔗糖分含量较高，若长期单一的投喂甘蔗，竹鼠的口腔容易形成腐蚀性乳酸，易造成竹鼠掉牙、断牙，以及消化不良，引发胃肠疾病。苜蓿带毒，其蛋白质含量也不高（13%左右），因此，甘蔗和苜蓿的投喂量应控制，特别是苜蓿，在饲料缺乏的情况下少量添加即可，过多以免引起中毒。

(2) 多汁类饲料　多汁类饲料主要指块根、块茎及瓜类饲料，含维生素较多，有西瓜皮、木瓜、胡萝卜、凉薯、马铃薯、红薯、南瓜、马蹄、葫芦、莲藕、冬瓜以及各种菜叶等。胡萝卜、木瓜是常使用的一种多汁饲料，营养丰富，适口性好。哺乳期的母鼠可适当投喂一些胡萝卜及木瓜，可提高乳汁的分泌和促进仔鼠的生长。此类饲料嫩而多汁，适口性好，营养丰富，便于储藏，但不宜多喂。若投喂太多，则易引起竹鼠肠道消化疾病，易导致细菌性腹泻。因此，此类饲料最好是在青粗饲料缺乏时期或是炎热的夏季粗料水分不足时作为临时的替代饲料使用。

青粗饲料因粗纤维、多种酶、类激素物质、多种维生素以及钙、钾等微量元素含量高，适口性好，粗纤维易消化，在竹鼠肠中形成微生物吸收和繁殖的环境，促进消化吸收，刺激胃肠蠕动和消化液分泌，具有稀释淀粉，防止腹胀及腹泻等疾病发生的作用；各种类激素物质对竹鼠的生长发育有促进作用。但由于各种青粗饲料的蛋白质、维生素以及微量元素的含量各有不同，因此各种青粗饲料应变换着投喂，并补喂一定量的精饲料。

须注意的是，投喂的青粗饲料必须新鲜、干净，堆积过久或霉烂变质、露水未干以及残留有农药的青粗料不可投喂，最好是当天收割的青粗料当天投喂，且多种青粗料变换投喂。

44. 哪些饲料属精饲料?

精饲料主要指动物性和植物性蛋白质饲料，富含能

量，能满足竹鼠对能量的需要；植物性精料（如谷物和豆类籽实）及其副产品中粗纤维含量较低，但蛋白质含量在30%左右。动物性精料中蛋白质含量较高（50%左右）。精饲料是竹鼠日粮中能量的主要来源，占日粮的20%～30%，虽然在日粮中所点的比例不大，但对竹鼠的健康和生长发育繁殖具有重要作用。

（1）植物性精料　适宜投喂竹鼠的植物性精饲料有玉米粉、稻谷、豆粕、大米、麦麸、花生麸、米糠、菜籽粕等，含有较高的蛋白质，是竹鼠日粮中蛋白质的主要来源，日粮中的用量以8%～12%为宜。植物性精料粗纤维含量低，但赖氨酸，维生素，钙、磷等矿物元素含量较高，适口性好，消化率在70%左右。

（2）动物性精料　动物性蛋白精饲料主要有鱼粉、肉粉、血粉、骨粉、大麦虫粉、蚯蚓粉、黄粉虫粉、蝇蛆粉、蚕蛹粉等，含蛋白质50%左右，其中所含的必需氨基酸较全面，含钙、磷充分，比例适中，利用率高。因此，在以植物性蛋白质饲料为主的日粮中，添加动物性蛋白质饲料后，能提高整个日粮的营养价值。由于竹鼠是素食动物，而动物性蛋白质饲料具有特殊的气味，因此，在配合饲料中不宜加入太多（在日粮中添加量以2%为宜），以免影响竹鼠的适口性，或是拒绝取食，造成浪费，甚至引起消化不良和蛋白质过剩而中毒。

精饲料蛋白质是竹鼠在交配前、母鼠孕期以及哺乳期不可缺少的物质，但不能投喂过多，否则易引起消化道疾病，导致腹泻的发生。值得注意的是，不管是植物性还是动物性蛋白质精饲料，若储存不当或是存放的地方过于潮湿，则易发生霉、酸变质等，特别是玉米粉、豆粕等容易产生黄霉曲等毒素，投喂竹鼠后易引起中毒，甚至死亡。因此，应注意将饲料存放于通风干燥的地方。或少量购入，避免长时间存储影响质量，特别是玉米粉，最好是现加工现拌料投喂较好。质量差的鱼粉、肉粉等含细菌较多，应选择质量好的进行投喂，否则易引起疾病的发生。

45. 需添加的矿物质有哪些？

竹鼠生长发育所需的各种矿物质、微量元素有碘、钠、钙、磷、钾、氯、铜、铁、锌、镁、硫、硒等。在日粮中的用量非常小，却是日粮中不可缺少的成分，对竹鼠的生长发育繁殖影响较大，是提高繁殖率、抗病能力不可缺少的营养物质。

野生状态下的竹鼠可从泥土中及通过啃咬竹根草根等途径获得矿物质及微量元素。但在人工养殖条件下，由于饲养环境的改变（多是水泥池或是铁笼），无法从泥土中获取。因此，竹鼠所需的矿物质及微量元素必须人为地从日粮中补给；若不补给，竹鼠则会出现啃咬栏舍、毛色灰暗、脱毛、食欲低、抗病力下降等现象。

常用的矿物质有钠、钙、钾、磷、氯等，食盐中含有碘、钠和氯，在竹鼠的日粮中添加0.2%～0.3%的食盐，或是溶于饮水中让竹鼠直接饮用，可补充植物性饲料中钠、氯的不足，还可提高饲料适口性和增进食欲。食盐的补给不可过多，过多则易引起竹鼠中毒。骨粉、贝壳粉、蛋壳粉、石灰石粉等含钙量为25%～38%，磷的含量为10%～14%，可在竹鼠钙少磷多的日粮中添加0.5%骨粉

(或贝壳粉，或蛋壳粉)，对促进竹鼠的生长，增加营养的吸收，会起到良好的效果。骨粉、贝壳粉等存放宜通风干燥，且每次购的量不可过多，投喂前要仔细检查，发现颜色变黑、味道变臭或是有霉味的一律不可喂，以免引起中毒。

46. 竹鼠生长需要的添加剂有哪些?

添加剂是添加入竹鼠配合饲料中的一些微量成分，对提高竹鼠的抗病能力、促进生长发育等起着重要的作用，是不可缺少的物质。在人工养殖过程中，常用的添加剂有赖氨酸、蛋氨酸、蒙脱石、多种维生素、EM 菌液、黄芪多糖以及大蒜等，占饲料总量0.1%～5%。在竹鼠的日粮中添加赖氨酸和蛋氨酸0.2%能明显提高竹鼠对其他氨基酸的利用率和生长速度；添加多种维生素可提高竹鼠的免疫力，特别是对繁殖期的竹鼠在日粮中添加维生素 E、亚硝酸钠和硒，可促进母鼠的生殖机能，提高母鼠的怀孕率，也能改善公鼠体质；在日粮或饮水中添加 EM 菌液和黄芪多糖，可提高竹鼠的抗病力、应激反应以及促进营养的吸收，并可清除鼠舍的氨气，使养殖场的空气更清新。

须注意的是，竹鼠的饲料添加剂储存的时间不宜过长，若储存时间过长，其效果则大大降低，并注意用法及用量，一般不可直接加入饲料中，应先混合后再与日粮混合，搅拌均匀后用效果方佳。

47. 哪些青粗饲料为药物性饲料?

对竹鼠投药比较困难。竹鼠自然采食的野生粗饲料中有些本身就是中草药，具有防病和治疗作用。

（1）茅草根（白茅根） 具有清凉消暑功效，可作夏季高温期的保健饲料。

（2）野菊花 又名野黄菊，具有祛风、降火、解毒之功效。治疗金黄色葡萄球菌、链球菌、巴氏杆菌所引起的疾病。养殖中常与金银花一起煮水拌料喂竹鼠，可预防肺炎。

（3）大蒜 具有杀菌、健胃、止痢止咳和驱虫功能，可治肠炎、腹泻、消化不良、流感、肺炎、球虫病等多种疾病。

（4）大青叶 具有清瘟解毒、抗菌消炎功效。主要用于预防竹鼠的咽喉炎、气管炎、肺炎、肠炎等，还可用来进行场地消毒。

（5）蒲公英 具有清热解毒、消肿、利胆、抗菌消炎作用。能防治竹鼠肠炎、腹泻肺炎、乳房炎。

（6）马齿苋 又名长寿菜，有清热解毒、散血消肿、止痢止血、驱虫、消痈作用。梅雨季节喂竹鼠能防止腹泻和球虫病。

（7）金钱草 具有调节机体免疫功能，利胆、利尿功效。

（8）鸭脚木 适用于感冒发烧、咽喉肿痛、跌打瘀积肿痛。常喂鸭脚木根茎，可防治流感和医治内外创伤。这是广大养殖户最常备的经典药物饲料之一。

（9）金银花 具有抗菌、清热解毒功效，夏季采其根茎喂竹鼠，可防治中暑、感冒和肠道感染；这是广大养殖户最常备的药物饲料之一，通常与菊花一起煮水拌料投

喂，可预防肺炎。

（10）雷公藤　具有增强肾上腺皮质功能，抗炎、镇痛，有杀菌、灭蚊、蝇的效果。

（11）柴胡　具有镇痛、镇咳、抗炎、抗应激性溃疡、调节免疫功能。

（12）穿心莲　具有抑制细菌和病毒、消炎止咳、平喘、解热镇痛等功效。主要用于竹鼠的泻痢、湿热及病毒的治疗。

（13）白花蛇草　具有抗感染，提高机体免疫功能，增强肾上腺皮质功能的作用。

（14）野花椒（山胡椒）　具有健胃、消食、理气、杀虫功效。

（15）枸杞　具有清热凉血功效，竹鼠发热、眼屎多时，采其根茎投喂。它是广大养殖户最常备的药物饲料之一。

（16）绿豆　煮熟投喂或煮成绿豆沙饲喂，夏季可消暑。

（17）细叶榕（榕树）　具有清热消炎功效，采其根茎喂竹鼠，可防治感冒和眼结膜炎。

（18）鱼腥草　具有调节竹鼠机体功能，以及利尿和防治肺脓肿等作用。养殖中常与艾叶、板蓝根一起对场舍进行消毒。

（19）艾叶　抗病毒，抑制细菌，调节免疫功能，多用于竹鼠应激反应，利胆保肝，抗凝血及止血，对母鼠有兴奋子宫的疗效。养殖中多用于场地及鼠舍的消毒。

（20）紫苏　具有抑制细菌、真菌、抗铜绿假单胞菌作用，多用于竹鼠气滞、咳嗽及外感风寒等症。

（21）甘草　具有抗病毒、增强机体免疫功能、冷气补脾、止咳润肺、缓和药性等功效。

（22）王不留行　具有行血下乳、活血通络、疏通乳腺阻滞、催乳的作用，多用于竹鼠母鼠产仔后乳腺不通和乳汁少。

（23）仙人掌　具有抗病毒、抑制病毒复制并使细胞外病毒失活功能，常用于竹鼠急性菌痢。

（24）小茴香　具有抗真菌、结核杆菌和葡萄球菌的作用，主要用于调节竹鼠胃肠功能、公鼠睾丸肿胀。

（25）木瓜　主要作用是通乳，还可治疗竹鼠急性、细菌性痢疾以及助消化、促进食欲。

（26）板蓝根　具有抑制细菌、抗病毒、增强免疫功能和杀灭钩端螺旋体的作用，主要用于竹鼠的感冒。养殖中与艾叶、鱼腥草等一起煮水对场地及鼠舍进行消毒。

48. 人工饲料如何配制？

竹鼠人工饲料的配制应根据竹鼠的食性、生理结构、营养性、适口性等合理地配制，就地取材，以保证食物新鲜、易消化和价廉，以及竹鼠正常生长发育、繁殖。

【繁殖鼠精料配方】

配方一：玉米粉20%，麦麸15%，豆粕18%，米糠40%，兔预混料2%，骨粉2%，松针粉1%，奶粉0.5%，钙磷粉0.5%，食盐0.5%，赖氨酸0.1，蛋氨酸0.1%，奶多多0.1%，复合维生素0.2%。

配方二：竹粉18%，玉米粉20%，黄豆粉15%，米

糠25%，麦麸15%，骨粉2%，预混料2%，松针粉1%，磷酸氢钙0.5%，食盐0.5%，赖氨酸0.1%，蛋氨酸0.1%，复合维生素0.5%，奶粉0.3%。

【断奶仔鼠精料配方】

竹粉35%，米糠15%，玉米粉15%，麦麸15%，豆粕15%，骨粉2%，松针粉1%，小猪预混料1%，食盐0.3%，复合维生素0.5%，奶粉0.2%。

【生长鼠精料配方】

配方一：米饭60%，竹粉20%，豆粕10%，麦麸5%，骨粉2%，奶粉2%，复合维生素0.5%，盐0.3%，微量元素0.2%。

配方二：竹粉35%，玉米粉25%，米糠15%，豆粕10%，麦麸10%，乳猪料2%，松针粉2%，食盐0.3%，复合维生素0.3%，奶粉0.2%，微量元素0.2%。

配方三：米饭50%，米糠25%，黄豆粉10%，麦麸10%，乳猪料2%，骨粉1%，微量元素0.5%，食盐0.4%，复合维生素0.5%，微量元素0.1%，松针粉0.5%。

配方四：米饭40%，竹粉20%，玉米10%，豆粕10%，米糠15%，松针粉1%，预混料2%，微量元素0.3%，食盐0.5%，复合维生素0.2%，骨粉1%。

将上述原料混合拌匀，用冷开水调湿（湿度以手捏能成团，松手即散开为宜）投喂，现配现喂较好；用饲料颗粒机做成饲料颗粒也是比较方便的，但存放周期不要太长。

竹鼠的精料投喂量应以吃完不浪费为宜，头天剩得多则当天减少投喂量，避免过多导致变质发霉而影响竹鼠的生长发育。另外，不同阶段的竹鼠所需的营养有所不同，因此，投喂的精料也应根据竹鼠不同阶段而有所不同。投喂精料后应投喂些鲜嫩的竹子、甘蔗、鸭脚木或牧草秆等，以利于竹鼠磨牙及摄取营养。

49. 人工养殖竹鼠需要栽种青粗饲料吗？

竹鼠是草食动物，每天需采食较多的适口性好、坚硬且新鲜的植物来获得纤维素等营养，以及用于磨牙防止牙齿生长太快。因此，规模化养殖竹鼠必须有自己的青粗料种植基地，必须自行栽种竹鼠的青粗料，如竹子、高产牧草、鸭脚木等常年绿色的植物，才能保证一年四季都能有新鲜的青粗料供应。由于竹子等从栽种到收获中间段的时间较长，可栽种一些周期短的青粗料（如红薯、牧草、甘蔗等），这都是竹鼠爱吃的青粗料，也容易种植，还可以利用鼠舍周围、山地、平地等进行种植。

50. 如何栽培丛生竹？

（1）选地　选择地势较平缓、土壤深厚、疏松、肥沃、湿润、排水好的地方造林，以利于高产。土壤呈酸性，沙壤土比冲积土、红壤土疏松透气，育苗成活率高，出笋成竹多。不宜在田埂、山顶、山坡上部和土壤黏重、石砾多、沙性过重、干旱板结、贫瘠的地方栽植。

（2）育苗　选择2～3年生健壮母竹，从竹篼部砍下，每节基部保留1节，用剪刀将枝叶全部剪去，从有芽的节开始，每2节为一段截好，上切口离上节10厘米，下切

口离下端节15厘米。切口要平滑，截好后，立即用清水浸泡1～2小时，在当天栽植。苗床按行距25厘米开育苗沟，深10厘米，将黄竹节段平放在沟内，排成一行，节间距离20厘米，节枝向两侧，覆土、压实、淋水、盖芒萁。

(3) 竹苗管护　母竹埋秆后，必须适时淋水，防止干旱，而雨天则注意排水防涝，以利于母竹根系恢复生长，促进生根发芽。1年生竹苗管理要针对竹苗生长的5个时期进行。

① 种竹根系恢复期。埋秆3周左右，种竹篼部老根多腐烂，失去吸收功能，而重新长出新根。此时，防涝抗旱、保持圃地湿润是关键。主要技术是盖草，适时排灌，促进种竹生根。

② 幼苗发芽期。约4月下旬到5月上旬，此时竹苗抗旱能力弱，要注意灌溉防旱，保持苗床覆盖物。要向母竹篼部追施肥料。施用稀薄的菜枯肥水，每周1次，并注意经常淋水，保持土壤湿润，以提高发芽出苗率和促进竹苗生长，及时拔除苗床上的杂草，避免触动母竹而影响竹苗生长。

③ 幼苗生根期。5月下旬～6月中旬为第一批幼苗生根时期，竹苗逐渐生长根系，旱时要及时灌溉，涝时要及时排除积水，并进行浅除杂草，并向竹苗篼部追施稀薄的菜枯肥，每周1次，以促进第二批幼苗分蘖，或在竹苗篼部开穴埋入腐熟的饼肥，每丛0.05千克。

④ 幼苗分蘖期。6月下旬～11月为幼苗分蘖时期。幼苗再次分蘖，是幼苗再次发笋成竹期，也是竹苗速生

期。一般在肥水管理条件较好情况下，可分蘖2～3次竹苗，7月中旬～8月中旬1次，9月上旬～10月上旬1次，10月下旬～11月下旬1次。此时，是增加竹苗产量和质量的关键时期，要加强追肥和灌溉，最好每周追肥1次。以有机肥为主，速效化肥为辅。同时要松土除草，至少每月1次，以免杂草争夺养料。松土时竹苗蔸部培土5～6厘米。如发现有卷叶虫为害竹叶时，应及时用600～800倍25%杀虫双等药喷杀。

⑤ 休眠期。12月中旬～翌年2月为幼苗休眠时期，一般不采取抚育措施，仅需在12月下旬对幼苗蔸部适当培土防寒即可。

⑥ 育苗及时、多次、全面打顶。为促进竹苗笋芽的萌发，当竹苗高度达到1米左右时，要及时打顶。由于每株竹子长势不一，所以每丛竹子要多次打顶，全面砍除竹苗顶梢，提早新竹抽枝展叶，提早竹子木质化，减少新竹冻害。

(4) 病虫害防治　主要是立枯病、笋腐病。立枯病发生在春末夏初。开好排水沟，喷洒1～2次波尔多液或灭菌灵即可。虫害主要是竹卷叶螟，危害期在6～10月。防治方法是，主要抓住每代二龄幼虫以前进行药杀，用杀虫双再加上甲胺磷300～500倍液于晴天早上或傍晚叶面喷杀，也可用90%敌百虫1000倍液或50%敌敌畏1000倍液喷杀，防治效果良好。

笋腐病在埋秆育苗发笋后至幼竹生根前易发生，感病后竹苗腐烂而死。防治应在发笋后至生根前用400倍液新洁尔灭，每周喷雾1次防治。

51. 鸭脚木如何栽培?

(1) 采种　母树宜选择生长健壮的 15～30 年生的林木。鸭脚木种子 10 月成熟，当果实呈褐色时即应采收。果枝剪下后放在室内阴干约 7～10 天，然后放在日光下摊晒 2～3 天，待小坚果自行分离，去除杂质，装入布袋干藏。

(2) 选地　育苗地应选择避风向阳、土层深厚、肥沃湿润、排水良好的沙质壤土。秋末冬初深翻，翌春施基肥整平，挖好排水沟，修筑高床，苗床方向为东西向。

(3) 育苗　播种育苗采用条播，条距 20～25 厘米。每亩播种量 10～15 千克。3 月上旬播种，播后覆盖细土并覆以稻草。一般经 20～30 天出苗，之后揭草，注意及时除草，适度遮荫，适时灌水施肥。1 年生苗高可达 40 厘米。

(4) 栽植　一般 3 月上中旬进行栽植。应选在比较背阴的山谷和山坡中下部。平地栽培应选择土壤深厚、肥沃、湿润的地段。栽种地在秋末冬初进行全面清理，定点挖穴，穴径 60～80 厘米，深 50～60 厘米，翌年 3 月上中旬施肥回土后栽植，用苗一般为 2 年生，起苗后注意防止苗木水分散失，保护根系，尽量随起苗随栽植，株行距以(2×2)米～(2×3)米为宜。

(5) 管理　及时进行中耕除草、施肥、培土，并注意防治病虫害。鸭脚木主要病害有日灼病。主要虫害有卷叶蛾、大袋蛾等。卷叶蛾可用人工剪除枯梢，消灭幼虫和蛹，或在成虫期喷 50%敌敌畏乳剂 1000 倍液的方法进行防治。大袋蛾可用人工摘除虫袋，或用 90%敌百虫 800～1000 倍液喷杀幼虫的方法进行防治。

52. 怎样种植篁竹草？

（1）栽培时间　冬天无霜地区，一年四季均可栽培，有霜地区，一般 3～6 月为最佳栽培时期；也可随时育苗随时移栽。

（2）施足底肥　在大田移苗栽培前，每亩施优质农家肥 1000 千克和过磷酸钙 100 千克，在无农家肥的情况下，必须每穴（窝）施用复合肥和过磷酸钙各 100 克，并与底土拌均匀，以增加植株分蘖能力。

（3）栽培方法

① 开沟种植。在较平整的大田或地块上种植时，按不同的行距开挖种植沟，沟深 14 厘米左右，沟底施入适量的农家肥或钙美磷肥为底肥，每亩 2000～3000 株，株行距为 50 厘米×66 厘米或 33 厘米×66 厘米；然后加盖 7 厘米的细土，扶正踏实；也可将准备好的茎节种苗与地面成 45°角插入沟中，或将种苗平放在种植沟内，叶芽朝上加盖 7 厘米左右的细土即可。

② 开穴（塘）种植。在整理好的地块按种植不同规格开穴，若在山坡地块上种植，选择好种植点开穴，最好为鱼鳞状或整成等高梯田式开穴种植。种植方法与开沟种植方法一样，每穴 1 株。

③ 分株移栽。把已种植 1～2 年，生长健壮分蘖较多的植株选做种苗，在一丛老蔸中，连根挖起四分之三，注意尽量少伤害根茎，除去上端的嫩叶，保留 10～15 厘米，

进行人工分株，每株含有1～2个腋芽或节即可作为种用，根系较多或过长的用剪刀除去一部分，种植时同样采用开沟种植或开穴种植，但分株移栽比无性繁殖和育苗移栽方式种植生长速度要快，一般在2个月内即可收割利用。

（4）浇足定根水　种苗移栽后同时浇足根水或施少量清粪肥，确保土壤湿润，以定根促苗。若遇天晴干旱，需2天浇水1次，直到种苗转青时才能缓解。

（5）田间管理技术　篁竹草产草量高，需水肥量大。初栽种或收割后，都应当加强田间管理。

① 及时补苗。篁竹草经大田移栽后，直到种苗返青，均要坚持浇水保湿。对缺苗缺蔸的地方，需及时移苗补栽，保证成活率在98%以上。确保每亩基本苗数量。

② 中耕除草。篁竹草前期生长较缓慢，容易受杂草的影响，应在植株封垄（行）前进行1～2次中耕除草。第一次中耕除草，宜在种植1个月后，篁竹草开始萌发新芽，选择晴天或阴天进行除草松土，并每株施放10克尿素；第二次除草宜在种植2个半月后进行，这时为篁竹草生长最旺盛的时期，按每株施放碳铵或尿素25克，若作为培育种苗时，为避免倒伏，在植株蔸周围进行培土。每次植株收割后应及时进行中耕除草，以疏松土壤，减少杂草危害和再生，应注意的是，中耕除草不可伤害植株的根部和茎部。

③ 浇水追肥。篁竹草喜水，故逢晴天久旱，每隔3天上午就应普遍地浇水1次；在连续多天阴天时也应注意浇水，但不耐渍水或水淹，因此，浇水应适度，雨季还须特别注意排涝。篁竹草嗜肥，故在基肥施足的前提下还须

适时多次追肥，以促使植株早分蘖，多分蘖，加速蘖苗生长。在植株长到60厘米左右高时，应追施1次有机肥或复合肥，在每次收割后2天，结合松土浇水追肥1次。一般追施氮肥（亩用量20～25千克）或人畜粪肥，以确保牧草质量，提高牧草单位产草量。入冬前收割最后一茬后，应以农家肥为主重施1次冬肥，以保证根芽的顺利越冬和来年的再生。在移栽后15天时若进行1次叶面肥，将显著提高生长速度和分蘖能力，并能提高产量和改善草的品质。

（6）对留种苗的管理　留作种用的篁竹草，应在收割2～3茬（7月）就不再收割，但可继续割剥叶片，使篁竹草留有6～8片生长叶片即可。每亩追施钙美磷肥50千克，这样种苗将有足够的时间进行营养物质的积累，当植株长到株高180厘米以上时，可收割其下部叶片来利用，但不应剥落包裹腋芽的叶片和伤害上部嫩叶，要求留作种用的植株茎秆粗壮、无病虫害，茎秆老熟后，于打霜前砍下，打捆保存。

（7）病虫害防治　篁竹草抗病力较强，很少发生病虫害。偶尔发生的病害有炭疽病和白粉病，虫害有地老虎、蚜虫和黏虫（钻心虫）。炭疽病在冷凉多雨天气发生，温暖湿润天气扩大危害，其主要为害幼苗叶和茎秆，病症表现为椭圆形灰褐色斑块，上面有黑色或粉红色胶质小颗粒，似眼形斑点不规则排列，根颈、茎基部发病，严重时整株或部分分蘖生长发育不良，变黄枯死。

防治方法：加强田间管理，保持环境的空气流通，降低环境湿度，苗期浇水宜深透不宜过勤。避免傍晚浇水。

炭疽病发病后，可用5%多菌灵或1∶1∶100波尔多液喷洒，隔7～10天连喷洒2次。白粉病发病后，可用50%多菌灵可湿粉剂1000～1500倍液喷施。地老虎主要危害是咬断幼苗和肉质根茎、分蘖根，造成植株死亡或生长不良。发生时，可利用黑光灯、糖醋液诱杀成虫或幼虫，或用50%的辛硫磷1000倍液或80%敌百虫800～1000倍液喷洒，防治地老虎。蚜虫和黏虫（钻心虫）主要为害植株的叶和茎，可用40%的乐果1000～1500倍液或用25%敌杀死乳油2000～3000倍液防治。

注意：植株喷施农药15天内，严禁收割饲养畜禽。

（8）越冬管理

① 地窖保存法。将篁竹草茎秆尖上面留50厘米左右叶子，以50根一捆，直接放入地窖，对较长的植株可将其砍成两段，用塑料薄膜包扎捆好，再放入地窖保存，直到翌年3月后，再切成一芽一节，用于栽培。该方法投资少，管理简单，适宜农户小面积种植采用。

② 塑料大棚法。将篁竹草种株，按每平方米20窝，连根移栽到塑料大棚内，根茎间隙用泥土覆盖，然后浇足水。日常管理重点是通风、保温，控制棚内温度5～15℃，相对湿度80%～90%。此种方法投资大，越冬效果最佳，适宜大规模保种采用。

53. 甘蔗怎样栽种?

（1）开沟　植蔗沟必须沿等高线开挖30厘米，以利保蓄降水。沟底宽要保证30厘米，挖到板土上，不留松土。

（2）闭垅成槽　植蔗沟的两端封闭，形成“槽”状。若植蔗沟太长，则可根据地形，隔 10 米或 20 米，留下一个 20 厘米宽、30 厘米高的隔埂，形成若干个“槽”，以便于截留保蓄降水，减少地面径流和水土流失。

（3）放种　采用三芽苗或双芽苗，芽朝两边，排放于沟底板土上。

（4）施肥　若有堆厩肥，则每亩施用 1000 千克，施于种苗之上，然后使用 20 千克尿素、20 千克硫酸钾、50 千克普钙、50 千克硅钙肥混合施于厩肥之上。若缺乏有机肥，则将化肥（包括硅肥）混合均匀施于种苗两侧。

（5）盖土　将下一沟挖起的潮湿细土覆盖上一沟之种苗，覆土厚度 4～6 厘米。

（6）镇压　覆土后，将覆土层压实（或用锄拍紧）。

（7）化除　在下种覆土后，盖膜前，采用除草剂喷施，一般选择早晚或土壤潮湿情况下，每亩使用莠去津 200～250 毫升或阿灭净 100～130 克，兑水 60 千克，对沟内表土均匀喷施。

（8）盖膜　秋植蔗不需覆膜，冬植蔗则要求覆膜。地膜厚度应选择 0.008～0.012 毫米，宽度新植蔗 40 厘米、宿根蔗 60 厘米，盖膜的墒面要整成板瓦形，盖膜时地膜要拉紧铺平，紧贴墒面，再用细土沿地膜四周边缘压紧、压实，不通风漏气，地膜透光面不少于 20 厘米。

（9）管理　管理主要是追肥培土、病虫害防治以及地膜覆盖的护膜、揭膜等工作。

① 追肥覆土。一般在雨季到来的 5～6 月结合培土进行追肥工作，亩使用尿素 40 千克，普钙 20～30 千克，均

匀撒施于槽内，然后进行 3～4 厘米覆土，避免肥料挥发。在甘蔗后期有脱肥现象的，在 8 月中下旬要及时补施壮尾肥，一般以亩 20～30 千克速效氮为宜。

② 病虫害防治。甘蔗在生长过程中，随时要注意病虫害的发生。在白蚁为害严重的旱地蔗上要在甘蔗栽培下种时采用甲基异柳磷、米乐尔、丁硫克百威等药剂防治，甘蔗生长前期注意防治螟虫、金龟子等害虫。

③ 护膜和揭膜。甘蔗盖膜的过程中，要经常注意检查，发现裂口要及时用细土封山压实，同时，部分出土不能自行破膜的幼苗，要人工破膜辅助出苗，以免造成烧苗。为发挥地膜作用，盖膜时间可适当延长，在云南蔗区，一般在 4 月中旬至 5 月上中旬，随着雨季的来临，结合小培土或施肥时揭膜。

第三章 竹鼠场地选择及建造

54. 竹鼠场地的建设需要考虑哪些因素？

竹鼠场址的选择、鼠舍鼠池建造结构是否合理，能否提供理想的生活环境和生活条件，能否适合竹鼠的生长繁殖，都将影响到养殖竹鼠的成败。若想把竹鼠养好、繁殖好，场舍的建造必须根据竹鼠的生物特性及环境要求等因素来进行。

应根据竹鼠喜安静、阴凉、干燥、怕热、怕强光等习性以及环境要求、饲养数量、繁殖特点、饲养水平等因素来选择，使竹鼠能正常地生长、发育和繁殖。在选择场地时应考虑几个方面的因素。

（一）环境因素

由于竹鼠怕惊，怕受干扰，对外来刺激声和空气浑浊较为敏感。环境突变，如过冷过热，都不利于竹鼠的生长发育。因此，应选择安静的环境，远离沼泽地、公路、铁路、机房、工厂、集镇等干扰过多、噪声大的地方，以减少外界大的或是突然的噪声对竹鼠的影响。并尽量远离畜禽养殖场，以减少污染和疾病传播。附近有种植青粗饲料的场地，以方便青粗料的采集，减少饲料的成本。

（二）交通因素

不管是小规模还是大规模的竹鼠养殖场，很多人喜欢选择建场在山里，但竹鼠的饲料、出售均需要运输。场地

选择得当，交通便利、运输畅通无阻、购买运输饲料方便，同时也方便商家到场地参观、订购，因此养殖场宜建在交通方便的地方，旧房改造的场最低交通条件至少能通摩托车。

（三）自然因素

竹鼠粪便、尿液多，易产生氨气及滋生细菌。因此，场应选择阳光充足、空气流通快、防寒防暑保暖、排水通畅、坐北朝南的地方建设。因阳光中的紫外线能杀死环境中的有害微生物，减少有害微生物繁殖，降低了竹鼠的发病率。另外，场周还应具有良好的水源。切忌建在四周环山的低谷地，由于竹鼠饲养场较密集，需氧量大，排出的二氧化碳较多，粪便排量大，发酵产生有害气体多，若通风不良，或山中的雾气长时间不散去，则易使竹鼠引发疾病。

（四）电力因素

养殖场有许多用电设备，如铡草机、饲料烘干机、冰箱、冰柜、控温、控湿器等，因此电源正常、电能充足也是十分重要的。

55. 如何合理地设计竹鼠场?

规模化的竹鼠养殖场在建场前应对生活区、生产区、生产辅助区、隔离区、精料储存区、青粗料加工存放区、污物处理区、排水道、围墙等进行合理的布局，使各类建筑的大小、数量必须合理，使用周转利用率、产出达到较高水平，特别是在风向上和地势上要进行合理的安排和布局，既要有利于竹鼠的生长繁殖，又便于管理操作。

（1）生活区　生活区包括工作人员的宿舍、食堂、供电设施、办公场所以及接待来往人员的场所，其位置应设在不阻挡风吹进养殖场内的位置，在与养殖区内相接口的地方应设置脚踏消毒池或紫外线消毒设施等，以防带入病毒。

（2）生产区　生产区包括种竹鼠的繁殖区、仔鼠培育区以及商品竹鼠的育肥区、病竹鼠的隔离区等。生产区是竹鼠场的主要部分，其结构必须满足竹鼠的特点及习性，符合卫生防疫要求。

（3）生产辅助区　生产辅助区一般包括饲料生产区、技术管理区、卫生防疫区和污物处理区。加工饲料或存放饲料，存放卫生防疫药物以及处理生产过程的粪便和病死竹鼠均在辅助区进行。此区域在设计建场时要特别充分考虑生产中的污物排量及排污不得影响生产区。

56. 如何合理布局竹鼠场？

竹鼠场的布局应根据当地地形地势特点进行，要解决挡风防寒、通风防热、采光等问题，要有效利用原有道路、供电线路等，并根据主风向由前向后、地势由高到低的布局原则，大规模的养殖场各区布局顺序依次为生活区——管理区——生产区——隔离区——污物处理区。

57. 竹鼠池的建造，需遵循哪些要求？

（1）防逃　不管是用水泥板还是用砖砌成的鼠池均要结实坚硬，鼠窝内壁和池底一定要用铁块或好的水泥砂浆抹光滑和加固，以防竹鼠攀爬、啃咬而外逃，防野生动物

的入侵，并防风、防雨、防潮湿。

（2）通风　不论新建或改修，饲养室以坐北朝南方向为好，大小不限。室内最好冬暖夏凉，空气流通、清新。鼠舍应多开门窗进行通风调节，以排除有害气体和过多的热量和水分，防止滋生细菌，避免疾病传播，对流口和窗口最好离饲养池高一些，以免冷风直接吹到竹鼠，防止因受凉而发生疾病。

（3）保温、防潮　根据竹鼠喜温、爱干燥的生活习性，饲养室应保持适当的温、湿度。由于竹鼠是毛皮动物，利于保存热量而不利于散热，因此较怕热。其自动调节体温的能力较差，对环境温度的变化较为敏感，适合竹鼠生长繁殖的温度为20～28℃，在这个范围内适当变化对竹鼠生长有一定的促进作用。在炎热的夏季，最好把温度控制在此范围，在寒冷的冬季使室温保持稳定在25℃左右，不能低于8℃；相对湿度控制在55％～65％，湿度过小或过大都不利于竹鼠的生长发育及繁殖，而且会导致各种疾病发生。

不管是池式养殖还是立体笼式养殖均应离开地面，避免潮湿和细菌滋生。采用池式养殖时，若地面湿度较大，可用稻壳、米糠等将池底辅垫上，或在走道撒些生石灰吸湿，以防潮湿，并适当控制青饲料的含水量。

（4）光线　竹鼠不喜欢强光，但也需要有一定的光照，经常接受阳光的照射，有利于竹鼠热调节机能的完善，使造血机能活动加强，加快性腺激素的生成量，促进性腺的活动，提高抗病能力。饲养室应以自然光为主，光线适当，最好保持竹鼠在弱光环境下生活，光线不能直射也不能太暗。

（5）安静、防敌害　竹鼠听觉好，怕惊、怕扰，对外来的刺激（如突然的震动、声响）较敏感，甚至可发生流产，所以饲养室应选择在周围环境比较安静的地方建造。室内的洞口要堵塞好，地面最好铺水泥与石子细沙拌和的混凝土；门窗应装上铁丝网，以防狗、猫等入侵为害及干扰。

（6）方便管理　由于每天都要投喂饲料、打扫卫生及观察鼠况，因此，建造的鼠舍要方便管理，鼠室的高度不宜超过 70 厘米。

58. 建造竹鼠池的材料主要有哪些？

水泥板：用碎石、沙子、水泥倒成 50 厘米×60 厘米（长×宽）或 80 厘米×60 厘米的水泥预制板。坚硬、透气、防潮，占地小，可移动，可随意调整池子的大小。

水泥＋砖混：即用水泥和砖砌成的池子。坚硬坚实，不能移动，占地大。

瓷砖：市场直接购买长宽 60 厘米的地板砖。坚实，不占地，可移动，可随意调整池子的大小，不防潮。

铁网：用粗根铁丝或 5 号钢条焊成的大方块。

59. 怎样建造竹鼠池？

建造的鼠池应分为大、中、小、套池及隔离池，以便饲养不同的鼠。一般小池用于饲养一对交配期或怀孕期带仔期的竹鼠；中池一般用于饲养幼鼠；大池多用于饲养商

品鼠。

单池舍的建造采用水泥板、水泥+砖混或瓷砖，按设计好的栏舍用水泥板组成或用瓷砖围成高60厘米的大小不等的正方形或长方形池（图3-1），水泥板之间用水泥浆固定，瓷砖之间用玻璃胶粘连即可，瓷砖的粗糙面向舍内，池底2/3面积用瓷砖粗糙面铺垫，1/3面积用铁网铺垫，池子底部四角用砖块垫高离开地面10～20厘米（图3-2），便于粪便漏出池外，保持舍内卫生，还可避免垫料、饲料残留物等因潮湿而发霉或滋生细菌。若是直接在地面建造池子，池里最好铺上一层红砖块，利于防潮及冬天保温。单池式是目前采用较多的池式。

图3-1　瓷砖竹鼠池

套间式平池为包括活动间、休息室一体的复合型单平池，即在一个大的平池内用板分隔成两个部分，通道将活动室与休息室连接起来。适合交配期及带仔期的鼠，但不利于打扫卫生。

各式竹鼠池可参见图3-3～图3-11。

图 3-2　瓷砖池底部离开地面

图 3-3　瓷砖幼鼠池（底部 1/3 为漏粪铁网）

图 3-4　水泥板竹鼠池

图 3-5　水泥板竹鼠池（底部放垫料）

图 3-6　水泥板与砖结合竹鼠池

图 3-7　砖式竹鼠池

图 3-8 瓷砖繁殖池

图 3-9 水泥板繁殖池（内室和外室）

图 3-10　水泥板繁殖池（内室和外室有孔相连）

图 3-11　立体式竹鼠池

第四章 竹鼠的引种

60. 引种前要哪些准备工作?

做好引种前的准备工作是十分重要的。若从思想上、设施上以及饲料方面没有做好准备，盲目引进种鼠，将会造成不应有的损失，而且关系着竹鼠养殖的成败。因此，引种前不但要在思想、设施等方面做好准备，还要在市场和饲料方面提前做好准备。

（1）市场调查　竹鼠目前主要以卖种、食用为主，上市后又以进饭店为主，像猪肉一样普及到老百姓餐桌的较少，而且北方人不太接受，主要销售市场在南方。另外，竹鼠的销售价格不是很高，若要长途运输，运输、包装、检疫等费用又增加了养殖成本，利润较低，必须有量，利润才会高点。因此，养殖前应做好销售市场的调查，最好是找到销售渠道后再开始养殖。

（2）场地的准备　在引入种竹鼠前，首先要把竹鼠养殖的场地周围、场舍和鼠池清理干净，并用高锰酸钾＋甲醛等消毒药物对饲养舍进行密闭熏蒸消毒杀菌，对池内鼠窝和垫料进行彻底消毒，并在鼠窝内放上干净的垫料，消毒好食盘、水盘等。若是用猪栏、牛舍或是原有的养鸡舍改造，则要多进行几次消毒后才能建养殖池，养殖池的面积大小根据房间结构合理安排。

（3）饲料的准备　俗话说“兵马未动，粮草先行”。

竹鼠是食草动物，养殖中以青粗饲料为主。因此，养殖竹鼠需要有足够的青粗饲料，没有足够的青粗饲料很难养殖成功。所以，在饲养之前需提前种植一些能提供青粗料的植物，如篁竹草、竹子、红薯、鸭脚木、甘蔗等。

（4）引种时间　竹鼠引种一年四季均可，但最佳的引种时间为春、秋两个季节。夏季气温较高，冬季气温较低，都不利于竹鼠的运输，特别是长途运输，均会产生各种应激反应，尤其是怀孕的母鼠容易出现流产现象，以及各种不适症状，增加死亡率。

61. 去哪要竹鼠种苗？

开始饲养时，种竹鼠的来源主要有两种途径：一是捕捉野生竹鼠驯化培养而来；二是直接从其他竹鼠养殖场引种。种竹鼠的质量好坏会直接影响着竹鼠的养殖成功和产量，为了能使人工养殖竹鼠获得成功，引种前要做好充分的了解和调查工作。

62. 养殖场引种竹鼠需注意哪些问题？

引种时首先要看提供种源的养殖场证照是否齐全，证照、地址和养殖场地法人等各项情况是否相符。正规的养殖场一般有林业局签发的“野生动物驯养繁殖许可证”；其次还要了解该养殖场在当地或本行业中的口碑、信誉度、政府部门的评价等；另外还要观察该养殖场所饲养的竹鼠具体情况，包括规模、健康、繁殖选育情况、固定设施、饲料生产基地和该场的技术力量。判断技术是否成熟，是否有完整的技术资料和完善的售后服务等，以保证

引入优良的种源，避免引入倒买的种苗或是野生的竹鼠。倒买的种苗由于运输的应激或近亲繁殖，致使引入后成活率不高，野生的竹鼠由于初养没有经验，也不懂驯养，死亡率也高。因此，到引种场后最好不要急着去看将要购进的鼠或直接挑选购鼠，应在养殖场内走一圈，看看养殖场的规模、种鼠的精神状态、繁殖鼠的规模、淘汰后的商品鼠的规模、种苗的规模、种苗的规模与繁殖鼠的规模是否成比例等。如有100对大小差不多的种苗，其繁殖鼠区繁殖母鼠应有300只左右，种公鼠应有150只左右，后备鼠也有100只左右，选种淘汰下的至少有100只。如果种苗多，而繁殖鼠并没有多少，淘汰鼠多，种苗区的鼠精神差，怕人躲避，部分躲在池一角不动，就要考虑是否是本场的鼠。若不是本场的种鼠建议不要购进。

63. 引多大的种鼠为好？

竹鼠最适交配时间为8月龄以上，因为8月龄以上的竹鼠的性、体才成熟。因此，引种最好引入达到8月龄的种鼠，或引入5～6月龄的种鼠，引回后养殖一段时间即可进行交配繁殖。注意不要引入3年龄的种鼠，3年龄的种鼠引回后繁殖一年其繁殖率就下降，只能淘汰，不划算。

首次引入种竹鼠的数量根据养殖者的经济情况而定，一般家庭式养殖的初次引种建议在20对左右，待在试养中掌握一些基本的养殖技术，再增加引种数量不迟，这样不但降低了经济损失，同时降低了近亲繁殖的概率。

64. 怎样挑选种鼠？

初养殖的朋友在购种鼠时，最好多走几个场看看，不要贪便宜，请有经验的养殖朋友一起帮忙挑选，避免购入劣迹鼠。

挑选成年优良种竹鼠苗，应选年龄在8月龄以上，2年龄以下的种鼠，体形稍长，无伤残，无疾病，身体健康，皮毛光亮，皮紧，无褶皱；呼吸均匀；体表无磷屑，无脱毛，少毛或毛稀，黄；头正；颈粗装；吻部短；下颌饱满有力；唇部无红肿；不流口水，嘴角毛干净干爽；口腔无红肿溃疡；无异味；眼睛亮，有神，眼珠不外凸，眼眶无红肿，无白色渗出物，无眼屎，眼睑无苍白，无黄染，无发绀，无潮红；鼻镜肤色红润，无黏液，鼻孔圈黑；耳朵完整无外伤；牙齿整齐对称，呈黄玛瑙色，色均匀，无黑牙、裂牙、断牙，牙龈无红肿、溃疡；腰平背直，两腰不明显下陷；臀部圆实，肛门洁净无污物；腹部毛稀少，色红润，无膨胀，色无深红和大白；腹中线毛顺方向清晰无杂乱；母鼠性情温和，奶头显露，无泛黄或泛黑；公鼠睾丸明显饱满，无单睾，无隐睾，阴茎口干净；尾巴粗短硬实，行走不沾地，手提尾巴时，向上弯腰或两前肢交替抓刨迅速有力；肛门周围无粪便，干净干爽，粪便呈胶囊状，表面无血迹，无黏液，无稀粪，无恶臭（提起竹鼠尾巴可看见肛门有半截欲排出的粪便）；行动敏捷，受刺激反应灵敏，凶悍，受威胁时发出的声音洪亮有力，无锣音和破音；四肢稳健，体形大但不肥胖不瘦，手摸躯体无肿块和颗粒状。

65. 竹鼠到场后怎样管理？

购入回的种鼠由于运输中的颠簸，风吹雨淋或大的燥音等，回到场后又是陌生的环境，使得竹鼠的应激反应很大，惊慌、烦躁不安，甚至拒食等强烈的应激反应。因此，竹鼠到场后要特别注意管理，到场后不要让人围观，按体格大小分配移入池内，让其安静半小时后放些甘蔗、竹子或是鸭脚木之类的青粗料，投喂的水里放少量的 B 族维生素溶液或少量盐或少量葡萄糖溶液或电解多维等供其饮用，以防应激带来的肠道疾病。避免频繁地进入鼠舍或是捉拿竹鼠，让鼠舍和鼠池保持黑暗和安静，减少不必要的打扰。入池时要注意观察有无因路途中因风吹引起的呼吸道疾病或是感冒，若发现异常要单独饲养，隔离治疗，等病好后再放入群池内饲养。

投喂饲料时要注意不可随意改变饲料的配方，不管是青粗料还是精料，都应在引种时问清楚原养殖场投喂的食物及饲料配方及规律，至少在 1 月内不可改变。1 月后即使要改变，也要逐渐地改变，不可突然地全部改变，否则竹鼠会拒食或易患胃肠疾病。投喂时在原饲料配方中应添加多解多维，投喂的精料量为原场投喂量的一半。待应激关过后再适当增加些精料量，仔细观察竹鼠的粪便有无变化，运动状况是否与健康鼠不同，体表是否有小虫或是脱毛等疾病表现，发现问题要及时隔离治疗。投喂饲料时要注意观察，若发现有争食较凶的或是独占食盘的，要将其分池或是单独饲养，以免造成饲料浪费和其他竹鼠得不到食物而致营养不良。

竹鼠到场1个月后，应激反应已过，此时要在饲料中拌球虫清、伊维菌素、阿苯达唑等驱虫药对竹鼠进行连续2天的驱虫，每天1次，1周后再重复驱1次虫，然后用山楂等健胃的药物进行煮水或是拌料进行健胃。

若自身已养殖有竹鼠，只为改善繁殖后代质量而引种的，竹鼠回场后不可与原场的竹鼠在一个场舍内，最好是与原场的鼠隔离饲养1个月以上，待确定无传染性的疾病后再一起饲养。

66. 野外怎样捕捉竹鼠？

目前南方野生的竹鼠还有不少，初养的朋友若要降低投资，可以捕捉野生的竹鼠回家驯养后再作种鼠。已经养殖了2年以上的养殖户，为改良因育种工作未做好而造成的近亲繁殖或是种群退化等现象，可捕捉野生的回去驯化，改良后与家养的进行交配繁殖，以提高繁殖率和抗病力等。

（1）寻找鼠窝　竹鼠一般喜欢生活在竹林和芒草多的山丘，如在竹林里发现有一丛或是几丛竹子发黄或是竹根附近堆积有大量新鲜松动的碎泥和竹鼠的新鲜粪便，或山丘芒草集中的地方或旁边有新鲜的泥土和洞穴，说明竹根或草根下面有竹鼠窝。找到洞口顺着洞的方向挖掘，多数能找到竹鼠。

（2）捕捉方法　竹鼠洞深且分支多，洞道向上方和左右弯曲，藏于竹蔸深处。捕捉野生竹鼠的方法较多，但常用方法有挖洞、灌水、烟熏、引诱、敲穴等方法。

① 挖洞捕捉。根据洞外的新鲜泥土和粪便情况，确

定洞内有竹鼠后，用锄具等工具快速地挖，洞内的竹鼠听到响声后就会逃到其他较深的支洞，当挖到快接近竹鼠时，竹鼠也会快速地挖洞逃生。但只要快速地挖洞，就能捕捉到竹鼠。

② 灌水捕捉　因竹鼠的支洞多，采用灌水捕捉前应找到支洞口并堵塞好，然后再往竹鼠洞内注入大量的水，注水时水不能断，要持续地往洞内灌才能使竹鼠承受不了而自动跑出来，即可用纱网等工具捕捉到。

③ 引诱　根据竹鼠喜欢香甜的食性，在确定洞内有竹鼠后，傍晚将炒香的黄豆或花生放进细铁笼中，然后将笼口对准洞口并固定好，当竹鼠嗅到香味出洞钻入笼中采食后就不能出笼了（因铁洞有反倒刺，只能进不能出），深夜或第二天清早直接去收笼即可。

④ 烟熏捕捉　由于竹鼠洞内多支洞的特点，采用烟熏效果最好，竹鼠被伤的概率较小。但在烟熏前要将支洞口堵塞密实后再实施。将主洞口的松土扒开，在洞口堆上干草，点燃后添加生草和鲜树叶，燃烧时冒出大量呛鼻的黑烟，然后将黑烟煽进洞内，几分钟后竹鼠抵不住呛鼻的黑烟，便跑出洞外。要注意的是成年野生竹鼠被烟熏刺激后冲出洞口时应激反应非常大，十分凶猛，见人就咬，如不注意捕捉方法很容易被它咬伤。当竹鼠冲出洞口时，立即用麻袋或编织袋套捉并放进铁笼，铁笼外用编织袋套一层，使笼里光线变暗，减少竹鼠的应激反应。如果出来的有母鼠，应检查下母鼠是否已怀孕，或查看母鼠的奶头，若奶头光滑湿润，说明洞内还有仔鼠，应用工具挖出来，然后采用一窝一笼的方式将它们装运回家驯养。

67. 野外捕捉应注意哪些事项?

在捕捉野生竹鼠时，动作要快、稳，手拿的力度要适宜，不可过紧，提鼠回家的途中不要晃动笼子，尽量让笼平稳，以减小对竹鼠的应激反应，若应激反应过大，竹鼠不能适应则很难驯养成功。

若是在竹林捕捉的，抓些洞里的泥土和洞旁新鲜的竹根一起放进笼内，若是在山丘芒草根下捕捉的，连泥带草根一起放进笼里带回场里，然后连同鼠笼一起放入鼠池内，将铁笼外的编织袋口和铁笼打开，在池上盖上纸板，以营造黑暗的环境，让竹鼠有安全感，减少应激。放入池内 1 小时后再轻轻地走近察看竹鼠是否出笼，若出笼，将笼内的泥土和草根竹根等一起倒入池的一角，放进适量的垫料，并放入够竹鼠 2 天量的竹子或芒草、玉米秆等（在竹林捕捉到的回来投喂竹子，若在芒草地捕捉到的则投喂芒草秆），然后盖上纸板，保持环境的安静。2 天内不掀纸板看鼠，只在外池附近听声音，若听到竹鼠啃食青粗料的声音，说明竹鼠已开始适应环境，若无声音也无动静的，则表示竹鼠还未适应新的环境，还处于应激反应中。

68. 捕捉后竹鼠的外伤怎么处理?

在捕捉野生竹鼠时，由于忙乱中不小心将跳出洞的竹鼠弄伤，回到场后要立即进行处理。如只伤了皮肉，先用双氧水消毒后再涂上碘酊，若伤及肉里，用消毒水消毒后再撒上云南白药。野生竹鼠自身的免疫功能较强，一般 1 周左右伤口就会结痂痊愈。

69. 野生竹鼠捕捉回后怎么驯化?

(1) 驯食　野生竹鼠能否驯食成功，决定了养殖的成败。捕捉回场后的竹鼠在经过2天安静的休养后，多数应激反应减小，但晚上投食掀开纸板时最好不要开灯，经过连续1周摸黑投粗料后，竹鼠的情绪会慢慢稳定，当吃青粗料正常后才慢慢打开纸板，这时放入的青粗料不变，可适当增加一些鸭脚木、玉米、甘蔗、红薯等饲料。待半月后竹鼠习惯后再慢慢增加少量的精料，精料可以混在玉米粒、红薯或甘蔗里，当竹鼠拿玉米粒或红薯吃的时候，沾有精料的玉米粒被竹鼠一种吃下。1个月后可适当增加些精料。

须注意的是，在转换饲料时不可突然全部转变，应逐渐地进行转变，否则会使竹鼠胃肠菌群紊乱而引起肠道方面的疾病。

(2) 合群　野生竹鼠多是独居，除交配外，平时很少群居。人工驯化后，为了提高场地的利用率，便于人工集约化管理饲养，就要将驯化的野生竹鼠进行拼池合群饲料。合群时可在鼠池的四周各放一块大镜子，不管竹鼠走到哪里，它都会看到一个和自己一样气势汹汹的镜中影子。如此将镜子放置了3～5天，待它不再向镜子进攻时，野生竹鼠就可以合群饲养了。

(3) 优化组群　野生竹鼠驯养成功后，必须进一步优化组群，才能提高竹鼠的繁殖率和后代的抗病力及生长率。选择身体健壮、无伤残、牙齿完好且体、性成熟的野生竹鼠，与原场饲养的体质健壮、大小一致的种鼠按1公

1母或1公2母的比例组群，放在池内饲养，发情交配后母竹鼠就会怀孕。母鼠怀孕后进行单池隔离饲养，哺乳母鼠断奶后再放回原群饲养。这样组群，能防止近亲交配、获得优良后代、提高繁殖率、提高仔鼠的抗病力。

70. 捕捉回后的种鼠要驱虫吗？

野生竹鼠的大多数体内都有寄生虫，捕捉回驯养1个月后，根据进食、舍窝的适应情况进行驱虫。体外的寄生虫主要是痒螨、毛虱和疥螨等，若不驱虫会使竹鼠消化和营养不良、吸收困难，体外寄生虫严重的会因竹鼠用利爪抓痒而致皮肤破损，未及时处理容易被细菌感染，严重的则会导致败血症等疾病。

第五章 竹鼠的人工繁殖

71. 竹鼠的生长发育过程是怎样的?

一般刚出生的仔鼠体重在 20 克左右，体长 5～8 厘米。产仔2～4 只时正常出生体重一般为 15～25 克，单只的出生体重稍重，产仔数 5 只以上或母鼠营养不够或 1 年产仔 3 胎的仔鼠往往因体质太弱、单个体重太小而难以成活。

刚出生的仔鼠双眼紧闭，耳孔闭塞，体色红润，体表无被毛，3 天后才逐渐长毛，体表也由红色慢慢变成灰色至灰黑色。10 天后开眼，25 天后可自动采食些精料和青粗料，如嫩竹、草茎、甘蔗等易消化的食物，若奶水充足，营养全面均衡，生长很快。35 天断奶后即可开始独立生活。一般 1 月龄体重达 200 克左右；3 月龄的体重可达 800 克；5 月龄的体重可达 1.5 千克；8～10 月龄的竹鼠达到体、性成熟。母鼠每隔半月左右发情 1 次，发情期为 3 天左右，怀孕期间不再发情。公鼠常年发情，常年可进行交配繁殖。母鼠初次产仔的数一般在 1～2 只，但多因没有带仔经验，仔鼠成活率低；第二胎产仔数会有 3～4 只，成活率相对高些。种鼠的繁殖期多为 3～4 年，4 年后淘汰作商品鼠。

72. 竹鼠的寿命是多久？

在精心管理且无严重疾病的情况下，竹鼠的寿命一般为4～5年，其繁殖期限一般为4年。过期应淘汰更换新的且经选育过的竹鼠作为繁殖竹鼠，淘汰竹鼠作商品竹鼠进行处理。

73. 哪些因素影响竹鼠的生长发育？

竹鼠的生长发育的好坏与快慢与公母鼠的遗传特征、母体的营养、产仔间距、一窝产仔数、妊娠期的长短、母鼠的哺乳能力、饲料质量、环境条件以及饲养管理人员的管理水平等不同而有所不同。

74. 怎样区分公母？

在鉴别性别时，用左手轻轻抓住竹鼠的头颈背部，用拇指托住它的右肩，其余四指握住竹鼠的左肩及胸部，轻轻把它拿起来（此时要避免压迫胃部），使其腹部向上，再通过下面3个方法鉴别。

（1）观察法

① 看阴部外观。公竹鼠（图5-1），在肛门上方有突出的阴囊。母竹鼠（图5-2），在肛门上方无有突出的阴囊。

② 看孔洞。公竹鼠，有2个孔洞，即肛门、阴茎开口，平时阴茎藏在腹腔，不外露。母竹鼠，有3个孔洞，即肛门、阴道、尿道开口，阴道口在中间。

（2）触摸法 有的竹鼠阴囊突出不明显，就要触摸肛门上方两侧。公竹鼠在肛门上方两侧触可摸到2颗卵圆形

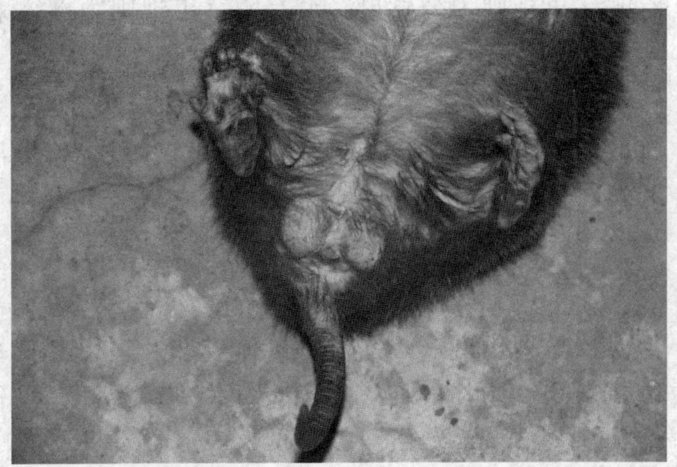

图 5-1　公竹鼠

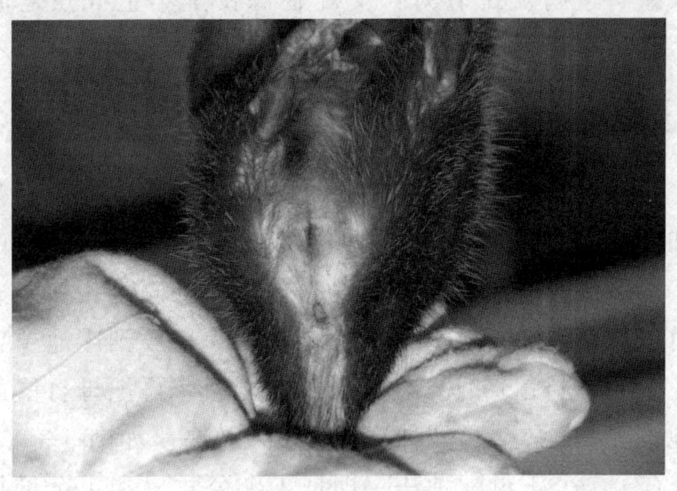

图 5-2　母竹鼠

硬物（睾丸）。母竹鼠在肛门上方两侧触摸不到卵圆形硬物。

（3）挤压法　用右手拇指或食指轻轻推压竹鼠会阴

部，有阴茎出现则为公竹鼠，没有阴茎出现则为母竹鼠。

75. 配种比例多少为宜？

竹鼠公母配种比例一般为1∶2或1∶3最好，大群生产比例可适当增加到1∶(4～5)。

76. 多大竹鼠可以配种？

为保持品种优良，必须在竹鼠体成熟、生殖器官发育完善成熟后才可让其进行交配。若过早进行交配，母竹鼠髂骨结合很紧易造成难产，同时易造成母竹鼠过度消耗。

一般公竹鼠在出生后9个月左右、母竹鼠出生后8个月天左右进行交配较好，交配在深夜至早上5点之间进行，受精率都很高。

77. 如何配种？

(1) 2公4母配种法　这是常用的方法。把2个公竹鼠和4个母竹鼠放到一个池子，长期饲养，让它们自由交配。每2周检查1次，轻轻触摸母竹鼠的腹部，如果确定母竹鼠怀孕了，就将怀孕母竹鼠拿出来，放到产池单独饲养，直到母竹鼠产仔，在仔鼠断奶之后，再把母竹鼠放回原池饲养。2公4母配种法的生产效率高。如图5-3。

(2) 1公1母配种法　即把1个公竹鼠和1个母竹鼠放到一个池子，长期饲养，让其自然交配。这种方法受孕率较高，但是生产效率较低。

(3) 血配法　即在母竹鼠产仔后1～2天内放入公竹鼠进行的自然交配。血配法配种受精率高，可达90%以

图 5-3　2 公 4 母配种法

上，繁殖快。若是发现某组产出的后代毛色呈灰色或是夹带杂色等现象，调换公竹鼠即可。

78. 怎样确认竹鼠已交配？

发情期的母竹鼠多是举止不安，不断地发出“咕咕”的叫声，且食量也减少，外阴部潮湿红润。交配后的母竹鼠在阴道口有像明胶样的栓塞（是公竹鼠精囊和前列腺分泌的混合物）。从栓塞的有无可以判断是否已交配，若栓塞脱落，取母竹鼠阴道的内容物检查，看有无精子，即可确认是否已经交配。

79. 如何确认竹鼠已怀孕？

（1）观察法　受孕后的母竹鼠不会再有发情的表现，

对公竹鼠的追逐会躲避，并拒绝公竹鼠的爬跨，或是反咬公竹鼠等，对公竹鼠表现出反感的情绪；其食欲也比发情期间的高，食量大，怀孕1个月左右其腹部两侧有明显的隆起。

(2) 触摸法　一只手抓住竹鼠肩以上的颈部、前腿和肋骨外廓，轻轻地提起竹鼠，另一只手放于后腿之下，不要过紧地压迫竹鼠，然后托起竹鼠的整个身体，轻轻触摸下腹部子宫角部位，用手指在两边均匀地隔着腹壁探摸仔竹鼠胚胎，如发现有弹性卵圆形小体即为妊娠。若母竹鼠腹部柔软如常，无异状物，即表示未受孕。若摸到硬且呈椭圆粒状，即为粪粒。妊娠后期腹部明显隆起，胎儿、羊水等液体和组织可占体重的一半，最后1周耻骨联合分离。妊娠期间饲养密度不宜过大，饲料要充足，保持安静，轻抓轻放，以免流产。竹鼠分娩以夜间较多，产后要及时检查生产情况，检查哺乳次数，做好记录。

80. 竹鼠近亲繁殖有什么危害?

近亲繁殖也是造成品种退化的一个重要原因。长期近亲繁殖的竹鼠个体一代比一代小，繁殖率低，畸形，生长慢，抗病力差，出现严重返祖等。

81. 如何提高竹鼠的繁殖率?

(1) 严格选种　严格按选种要求进行选种，选择健康、体质健壮、性欲旺盛的竹鼠。还要根据系谱及繁殖、生产性能记录等进行选择。公竹鼠的睾丸要求大而对称，隐睾和单睾公竹鼠不得留种。母竹鼠要求繁殖力强，温

图 5-4　竹鼠在产仔

顺，外阴端正，乳头大，正常，泌乳能力高。及时淘汰产仔少、受胎率不高、泌乳性差的母竹鼠。图 5-4 为竹鼠在产仔。

（2）科学饲养　对种竹鼠进行科学的喂食，是提高竹鼠繁殖力的重要措施之一。在配种季节到来之前，要逐渐增加蛋白饲料和矿物质、维生素（特别是维生素 E）的投喂量。对于过肥的种竹鼠要适当限制高能饲料的投喂量，而对过瘦的种竹鼠应加强饲养，保持种用体况，使种竹鼠具有旺盛的性机能。

（3）合理的年龄结构　种竹鼠群中，青、壮、老年种竹鼠应有合理的年龄结构。种竹鼠一般使用 2～3 年即可淘汰。对于体弱有病的也要及时淘汰。每年要选 2/3 左右的竹鼠淘汰，因此，每年要选留 1/3 以上的后备竹鼠，并从中进一步选择作为种竹鼠来源。对于因生产而导致过度消耗的竹鼠（表现为掉毛、消瘦），应停止配种，使其休息一段时间，待其恢复后再进行生产。整个种竹鼠群应以青、壮年为主，老龄种竹鼠比例不可过大，否则将会影响整个竹鼠群的繁殖。

82. 如何避免近亲繁殖?

在养竹鼠生产中，切忌近亲交配。近亲交配容易产生死胎和畸形仔竹鼠，还可引起后代不育或后代生活力降低。种竹鼠场或生产场要建立种竹鼠档案制度，配种繁殖记录和系谱资料是血缘选配和防止近亲交配的重要依据。即使是养竹鼠专业户，也应对自己饲养的种竹鼠血缘关系做到心中有数。在自繁自养过程中也必须避免近亲繁殖，去杂留纯。避免近亲繁殖的措施如下：

① 大养殖场应从 2～3 个地方引种，以实行交叉配对，实现远缘杂交。

② 种竹鼠繁殖和商品肉竹鼠繁殖要分开，种竹鼠繁殖池要编号，繁殖的后代实行交叉配对。

③ 农户少量饲养，开始 1 次引种不应少于 10 组（每组 1 公2 母）。

④ 农户饲养种竹鼠，20 组以下的要定期与周围养殖户串换种竹鼠。

总之，竹鼠繁殖力高低受营养、体质等多种因素影响，要想提高竹鼠的繁殖力，必须采取综合措施才会有效。

第六章　竹鼠的饲养管理

83. 饲养管理人员的要求?

竹鼠场是竹鼠日常活动、休息、采食的场所，管理好鼠场对于提高成活率和质量是至关重要的，竹鼠的生长发育好坏、健康或发病往往与竹鼠场的管理好坏直接相关。因此，要重视鼠场的日常管理工作，做好管理日记，经常仔细观察，及时记录。

竹鼠养殖是一项技术性的工作，要想养好竹鼠，饲养管理人员的责任心非常重要。这是因为日常的工作较繁杂，要求饲养人员热爱竹鼠养殖事业，且对工作积极、认真负责。养殖前，饲养管理人员必须进行专业的知识和管理技能培训。通过培训学习或自学或到其他竹鼠养殖场学习，首先提高认识、树立信心，其次熟悉竹鼠的生活习性及饲养中的每个环节所需要注意的有关问题，掌握基本操作技术。

84. 日常管理应注意观察哪些内容?

每天早中晚巡查，检查内容包括栏舍有无损坏情况；是否有猫等偷跑进来；竹鼠的采食、活动情况是否正常；舍内有无病鼠、死鼠。栏舍底或舍壁损坏时及时修理，以免竹鼠外逃或被刮伤。粗料不足的要及时添加，有其他家禽要及时驱赶，防其叼走幼仔或偷吃精料或惊吓竹鼠。发现有病的竹鼠及时隔离治疗，死竹鼠及时拣出，检查其体表、解剖后分析病因，另外对全场进行彻底的消毒，并对全场竹鼠进行预防，以防疫病的发生和传播。

注意观察竹鼠的健康状况。一般健康的竹鼠精神饱满，对外界刺激敏感；被毛浓密、柔软而富有光泽；两眼明亮有神，眼角无眼屎等分泌物；鼻端清洁干燥，无鼻液分泌出来；肌肉丰满、结实；肛门及腹下周围清洁干燥，粪粒呈长椭圆带弧形，表面光滑。患病的竹鼠则相反。

注意天气变化，及时采取应变措施。特别是在晚春和初冬，早晚温差大，天气变化过快，最容易出问题，要加强巡视。

85. 如何保持场舍安静，减少惊扰？

竹鼠胆小怕惊，对环境的变化非常敏感，如突然且大的响声、换池、过多的抓拿和挑逗等。一旦受到惊扰或突然大的声响等，均会引起骚动和惊慌、不安、食欲不振，严重的则患病死亡。受惊吓后的妊娠母鼠容易流产；正在分娩的母鼠受惊吓会难产；有的会咬死初生仔鼠；哺乳母鼠受惊吓则会拒绝给仔鼠喂奶；正在采食的竹鼠若受到惊吓则会停止采食。因此，在日常的管理中，要做到轻、稳、避免外界的嘈杂声和突然的高音，防止猫、狗等进入，并保持整个场的环境安静。

86. 鼠舍、鼠池每天都要打扫吗？

鼠舍鼠池的粪便和尿液产生的氨气和其他有害气体，是导致竹鼠发病及传播的主要原因，特别是采用池养，或

是池底部离地面只有两三厘米高的栏舍，更易潮湿及滋生细菌导致患病。因此，必须每天对鼠舍粪便、残料及时进行清扫，并对饲料盘进行清洗和消毒，及时更换垫草，避免环境潮湿。特别是早春或梅雨季节，一定要做好通风、透气、保温、防潮的工作。保持鼠舍的干燥、卫生及安静，减少疾病的发生。

87. 需要分级分区饲养吗?

日常管理中应根据竹鼠不同的阶段、大小、健康状况、公母等来判定并合理分区饲养、强弱大小分池或分栏饲养，避免争食打架咬伤、近亲繁殖，以减少疾病的传播。因此，养殖过程中应将竹鼠的繁殖区、商品区、育成区和后备种鼠区加以区分管理，以营造好的生存环境和繁殖环境，有利于区别和淘汰发情鼠、怀孕母鼠、繁殖鼠、病鼠，以保证竹鼠群的健康和提高繁殖率。

88. 竹鼠舍需要调控温度吗?

由于竹鼠是毛皮动物，其自身调节体温的能力较差，主要依靠场舍内的环境温度来维持其正常体温，高温和低温可降低竹鼠对疾病的抗病力，导致易中暑和感冒。特别是在初春和初冬，外界的温度忽高忽低反复变化时或温差过大时，竹鼠易感冒和患肺炎。适合竹鼠生长发育的环境温度为 18～25℃。因此，日常管理中要注意鼠舍的通风透气，低温时期加温保暖，高温时期降温清凉。

89. 冬季如何对鼠舍鼠池进行保温?

虽然竹鼠是毛皮动物，其抗寒能力较强，但在春、冬季天气寒冷时期，由于活动量减少，其抗病力也减弱，易患感冒，特别是春末，气温忽高忽低不稳定，不注意保温更易致病。因此，在寒冷季节对竹鼠舍需采取保温或加温措施，即在竹鼠舍或池外壁加一层泡沫板，池内加垫干燥的草、麻袋等保暖性好的材料，再在舍或池上加盖纸板(纸板易找，且便宜，方便操作，透气性和吸湿性都比塑料薄膜或塑料板或木板好)，保温效果理想且实惠。也可采用加温的方法进行保温，如用电加热器、安装发热电缆、发热板、红外灯、煤炉管道等方法进行加热，虽升温快，可恒温，但成本高，不利于小规模养殖户。

90. 夏季如何对鼠舍进行降温?

在高温季节采用排风扇或是电风扇加快空气的流通，在鼠舍房顶喷水、加盖草帘、拉遮阳网、加石棉瓦隔热层、舍内加装泡沫隔热层、提前种植藤蔓植物或将鼠舍外墙面刷白，鼠窝换用透气性好的竹丝垫，可将温度控制在30℃以下。

对于顶部较薄的鼠舍，可以在顶部中间纵轴上安置一个塑料或金属水管，两侧打上小孔，在炎热的中午，通过水管向鼠舍顶喷水，或在过道内进行喷雾处理，或采用水帘降温，以达到降温的效果。或是在竹鼠舍阳面提前种植藤蔓植物，在炎热夏季到来之前爬上舍顶，具有良好的隔热降温效果或养殖房周围种上阔叶树木，减少阳光直射，

对降温防暑可起到一定作用。

91. 鼠舍湿度有必要进行调控吗？

竹鼠适宜的环境相对湿度在45%～65%之间。一般最高不宜超过70%，最低不宜低于40%，过高或过低均不利于竹鼠的正常生长发育，易引发多种疾病。若地面潮湿，特别是南方的回南天，湿气较重，采用笼式或立体式养殖最好离开地面20～25厘米高。池式养殖应在池内加垫稻草，或是场内放置些木炭、撒些石灰粉在过道上，以减小潮湿。另外，投喂的青饲料含水量不可过大。若湿度不够，可在场内放置水盘或在走道进行喷雾增湿，增加含水量的青料投放。湿度过大过小均会增加患病的概率。

92. 怎样投喂竹鼠饲料？

竹鼠是食草动物，对粗纤维消化率较高，若投喂的青粗料不足，其正常生长、发育、繁殖均受不到同情度的影响。所以投喂给其的饲料以青粗料为主，精料为辅，早投精料，晚投青粗料，以利于竹鼠消化吸收和提高饲料的转化率。投喂前必须将上一餐吃剩的饲料及粪便打扫干净，饲料盘清洗过后再投喂，以免剩余的饲料变质发霉造成微生物大量繁殖。饲料的投喂以定时、定点、定质、定量为原则。

定时：即每天投喂的时间是一样致的。竹鼠白天活动少，基本都在睡觉，晚上活动频繁，但白天和夜晚都有采食行为，因此以夜间投喂为主，一般上午9时投喂1次精料或少量青粗料，冬季下午6时、夏季7时投喂足量的青粗料1次。

定点：投喂饲料的食盘应固定放在一个地方，食盘最好为长形，保证每个竹鼠均能够自由采食，避免饲料过于集中导致竹鼠为争食而打斗。

定质：投喂前要检查饲料，以确保饲料不发霉或变质。人工配合饲料看有无霉变、异味；草秆是否新鲜，是否发黄或带露水。青粗料最好当天投喂以保证新鲜；投喂前用干净的水冲并晾干；收割回来较湿的牧草秆要晾干才能投喂。

定量：即每天投喂的量都是一样多。但不同的季节，应根据竹鼠的食欲适当地增加投喂量，天气适宜时，竹鼠的食欲大，此时应加大投喂量。遇到雨水天气，天气突变或者闷热天气，或者受到惊吓，竹鼠的活动减少，采食也少，应少投喂。因此具体的投喂量以竹鼠的采食情况为准，原则上以吃饱而不残留为限。另外，饲料中常拌入黄芪多糖、多维、EM菌液，或用中草药（如金银花、菊花、雷公根、甘草、蒲公英、穿心莲等）煮水拌入饲料中一起投喂，以清热解毒消炎，增加食欲，减少疾病。

定时定量投喂，可使竹鼠养成良好的习惯，有利于竹鼠的消化和吸收。

93. 投喂的饲料需要合理搭配吗?

不管投喂青粗料还是精饲料，只有多样化，才能保证竹鼠生长、繁殖所需要的各种营养物质。因此，在投喂饲料时要将不同的饲料搭配着投喂，方可使竹鼠获得全面均衡的营养。另外，饲料多样化、搭配好也有助于提高竹鼠

对饲料中的蛋白质及氨基酸等营养的吸收和消化，也增加了饲料的适口性和利用率。一般配合的精料现配现喂，含水量多的青料和含水量少的青粗饲料搭配后喂，颗粒饲料直接投喂。

94. 如何添加饮用水？

竹鼠一般不需要特别地添加饮用水，平时投喂含水量多的青粗料与含水量少的搭配喂即可满足竹鼠对水的需要，但在炎热的夏季，在加大含水量多的青粗料投喂的同时，可直接供给清洁卫生（自来水需要沉淀或晒1天后再供给竹鼠饮用）的饮用水，供给的饮水不可过多，过多易使鼠池潮湿，鼠舍湿度加大，易致整个鼠舍高温高湿，不利于竹鼠的生长。一般给水量为每只竹鼠每天20毫升左右即可。

95. 投喂饲料时应注意哪些事项？

竹鼠饲料的质量很重要，也是养殖成功的关键因素之一。因此，投喂竹鼠的饲料必须新鲜、干净、无霉变。如采收洗净后未晾干及带有雨水、露水的青粗料不投喂；堆放过久有发黄现象的青粗料不投喂；发芽马铃薯不喂；霉变或有虫或腐烂的甘蔗、竹子及牧草秆不投喂；豆类不熟不投喂；无法确定是否有毒或霉变的精料不投喂；发酵不完全的精料不投喂；粪便污染的不投喂；变馊的精料不投喂；易消化不良，积气的饲料少投喂。

96. 如何对场地进行卫生防疫？

竹鼠的抗病力较强，但在人工规模化养殖环境下，由于密度高，疾病的传播较快，若是管理不善、卫生防疫没做好，在潮湿的环境下竹鼠易感染肠道及呼吸道等疾病。

目前很多养殖户还是待发生疾病时才去寻求医治，平时无防疫的态度，这样的态度只会带来较大的损失。不管是小规模养殖还是家庭式养殖竹鼠，一定要建立一整套健全、安全可行的卫生防疫制度，并坚持实施。在卫生防疫上必须坚持以预防为主、防重于治的原则。

疫病的防治措施在规划建场时就要制订好。建场时远离其他禽畜养殖场，场区的分区要合理，隔离区不能太靠近养殖区，且应建在下风处，场门口或鼠舍门前设消毒池。外来疫病区域或其他竹鼠养殖场的人员谢绝进入或进入时一定要换鞋、穿上工作服，并进行彻底消毒。鼠舍每天打扫，3 天或 1 周消毒 1 次，10 天进行 1 次全场彻底消毒，不同的消毒药水更换使用，发现患有疾病的竹鼠及时隔离治疗。有疫病发生时鼠舍及饲养员的鞋、食盘、水盘每天清洗消毒，每星期投喂中草药或是煮水伴料投喂，不乱窜鼠房。

97. 如何提高竹鼠抗病力？

（1）科学饲养　竹鼠是食草动物，野生状态下的竹鼠主要吃竹子、草秆等。因此，人工养殖中其饲料应以青粗饲料为主，适当搭配精料。人工养殖中有的养殖户为了提前上市，全部喂精料，这样不但增加了饲养成本，而且还造成竹鼠产生诸多毛病，不易饲养成功。在投喂饲料过程中，精、青粗料的搭配要合理，营养要全面。竹鼠的日饲料量中，青粗料占 70%，精料占 30%。可不定时地在精料中加入黄芪多糖、EM菌液、各种维生素以及微量元素等一起投喂，或是用金银花、野菊花、车前草、雷公根、苦艾等中草药煮水拌料投喂，以提高竹鼠的机体免疫力，对带露水、清洗后未晾干、堆放过久、发霉变质的青精料不投喂。

（2）精心管理、做好细节　竹鼠对环境的变化比较敏感，如温度、湿度、有害气体等的变化。温度急骤改变，常可危及幼鼠生命，使母鼠流产和不能分泌乳汁，甚至大批死亡。保持饲养环境中有足够的新鲜空气也很重要。所以在养殖竹鼠过程中，春冬季节要注意防寒保暖，夏天注意降温，特别是刚出生的仔鼠更是如此。保温的同时要注意在天气温暖的时候适当进行通风换气，以防有害气体过多引起呼吸道疾病。同时要定期清除过脏的垫料、打扫卫生，定期做好消毒工作（用不同的消毒药水交替进行消毒），最好3天对鼠窝进行1次消毒，1周对全场进行1次消毒，并做好灭鼠、灭蚊等工作。

98. 需要对竹鼠进行驱虫、防敌害吗？

寄生虫、家鼠、蚊蝇也会给竹鼠带来非常大的危害。

寄生虫可以破坏竹鼠的防御屏障，使其他病原体可以乘虚而入。寄生虫还可以吸食竹鼠的血液等，严重的会引起死亡。因此驱虫工作要引起重视，一般2个月对全场竹鼠进行1次驱虫，注意怀孕母鼠不能使用伊维菌素。

家鼠对竹鼠的危害也是较大的。家鼠不但偷吃精料，还会咬死或是吃掉刚出生的仔鼠，把病原菌传播给竹鼠，一些带仔的母竹鼠因家鼠的干扰而缺乏安全感，会出现咬死仔鼠的现象，怀孕的母鼠则会因家鼠的惊扰而流产。因此，养殖过程中要注意防家鼠，如门窗、通风口等全部用细目小铁丝封闭，场内最好不要摆放东西，使家鼠无藏身之处；竹鼠舍外墙离地面 70 厘米高全部用水泥抹光或是贴上光滑的瓷砖，发现场内墙根有家鼠洞的，要及时地用水泥灌注；或在场内放置鼠夹、电猫、粘鼠板等灭鼠。平时常巡查，并做好防竹鼠外逃的工作，以免竹鼠外逃被电死。

蚊子、苍蝇也是影响竹鼠生长发育的害虫，同时也是疾病的携带、传播者。蚊蝇对竹鼠的危害主要集中在夏、秋两季，可在场舍内放置苍蝇粘板或是苍蝇药进行灭杀。竹鼠自身散热能力较差，在炎热的夏季睡觉时喜欢四脚朝天，无毛覆盖的腹部、大腿内侧及脸、眼等处常招蚊子的叮咬，导致竹鼠无法安稳入睡，特别是刚出生的仔鼠，因抵抗力较差，常会感染疾病或死亡。因此，为防蚊蝇的侵害，可在鼠舍内放置几盆装有肥皂水的水盆，减少蚊子的繁殖，竹鼠池底部喷 EM 菌液，所有的通风口、门、窗用纱网钉上，禁止蚊子苍蝇进入，每天傍晚用溴氰菊酯等灭蚊药物对竹鼠舍进行喷雾杀蚊，或在鼠舍内安装电子灭蚊灯，或选用低毒的蚊香、艾叶熏（注意不可整晚用）。

99. 非配种期的种公鼠如何管理？

种公鼠的配种没有季节性，一年四季均可配种，但因气候及环境等多方面因素的影响，配种的效果也会有很大的不同。如春季种公鼠的精子质量、存活率都高，母鼠受孕率也高；炎热的夏季公鼠的性欲减退，其精子质量及存活率相应地降低，母鼠受孕概率也降低，这时期很少配种，即使配种成功率也很低；秋季天气稍转凉爽，公鼠的生殖机能稍提高，但受孕率还是没春季高；冬季由于天气寒冷，公鼠的性欲、生殖机能及精子存活率都会受到一定的影响。

种公鼠在非配种期投喂足量的青粗饲料和一般营养的精料使其体质恢复好，可适当育肥但不可过肥，过肥影响配种。非配种期的公鼠一般投喂竹子、鸭脚木、甘蔗、玉米秆、牧草秆和少量的精料即可。种公鼠夏季最好单池饲养，以提供凉爽的环境，并适当增加其运动量，可在池内中间放置一块带有洞、高 20 厘米左右的砖块任其攀爬活动；或将食物放在砖块顶部，使竹鼠采食时需要爬到砖块顶部才能采食。这样竹鼠即得到了锻炼，同时也增强了体质，提高了精子成活率。

100. 配种期的公鼠如何管理？

种公鼠的精液由水分和蛋白质组成，精液的质量与数量决定了种公鼠的配种能力，而精液的质量和数量与营养有着直接的关系，特别是蛋白质、矿物质和维生素等营养物质不可缺少。若蛋白质饲料不足，则会引起精液质量和数量的下降，可在日粮中添加煮熟的黄豆、鱼粉、黄粉虫粉之类的蛋白质；若长期缺乏矿物质，如磷、钙、锌、碘等，公鼠生理机能受到影响，四肢无力，精子质量下降，配种受孕率显著下降；维生素不足或缺乏，同样会影响到精子的质量。

因此，种公鼠配种前 20 天应逐渐增加营养，特别是维生素 E 的供给要比平时稍多，投喂的精料以少而精为主，青粗料多样化且不断；单池饲养并与母鼠不同区域饲养，避免因相互的气味刺激提前发情而影响配种效果。

101. 休情期的母鼠如何管理?

母鼠休情期是指仔鼠断奶到再次配种怀孕这段时间，这段时间由于种母鼠带仔哺乳，体内的养分消耗大，身体较虚弱，体质较差，需提供各种营养来恢复体能，保证身体的健康。因此，在饲养时日粮主要以青粗料为主，精饲料为辅，每天的精料在 35 克左右即可，并提供鲜嫩的竹子、玉米秆或是牧草秆等青粗料。休情期的母鼠不宜喂得过肥或过瘦，一般在七八成肥即可，否则影响配种和繁殖。过肥的竹鼠雌性激素吸收和排放都比较难，发情慢，即使配上种，但生出仔鼠后一般都没奶水或者奶水少，母鼠就会咬仔，1 周左右仔鼠即死亡。若母鼠过瘦，则会影响雌激素分泌和减弱，卵细胞不能正常发育而影响受孕繁殖。母鼠过肥的，将投喂的精料减少，过瘦则增加精料的量。一般休情的母鼠在配种前 20 多天增加营养，可使其达到理想的配种繁殖要求。目前很多养殖户为了追求繁殖率和胎数而忽视母鼠的健康，严重地影响了母鼠的健康。

102. 怀孕期的母鼠如何管理?

怀孕期的母鼠一定要加强管理，保持鼠舍安静，防止受惊吓或随意捉拿而致流产。一般母鼠最易在怀孕 1 个月左右流产，多为受惊吓、随意捉拿、挤压和摸胎方法不当而致；另外，疾病、营养不良、进了了发霉的饲料或突然

改变饲料种类均会引起流产。因此，怀孕期的母鼠舍要保持安静，避免猫、狗、外人进入；投喂的饲料要干净新鲜，不随意更换饲料；单池饲养，防止挤压；不随意捉拿和摸胎；舍内的温湿度要调控在适合的范围内；发现有患疾病的，隔离、查明病因后，使用药物不可超量。

母鼠产前1周最好应补给充足的多汁青粗饲料，以补充母鼠因生产引起的体液流失。若产前母鼠乳头发育不明显的，可用母仔宝或其他催奶药物伴料投喂，使其乳腺尽快发育，保证奶水充足和仔鼠不易患病。母鼠产前应清洁消毒产池，清洁并消毒垫草。

103. 怎样判断母鼠准备产仔？如何管理？

母鼠怀孕至产仔，一般在48～60天。母鼠在临产仔前会叼草做窝，并在窝内囤积食物。产仔时由于疼痛不安，此时要禁止捉拿、移池和陌生人的参观及饲养员的过多打扰，以免母鼠受惊产后吃仔。

母鼠多在夜间进行分娩，一般分娩后的母鼠会做好护仔工作。母鼠分娩时，背部隆起，产仔过程一般在1～2个小时，产仔时边产仔边将仔鼠脐带咬断，并将胞衣吃掉，同时舔干净仔鼠身上的污血和黏液，并将仔鼠叼到母体肚下。母鼠产仔的过程中，有的母鼠会出血较多，应给母鼠注射一针止血针（酚磺乙胺注射液）。产后1周连续给母鼠补充红糖水、豆浆或是牛奶，让母鼠体质尽快恢复。

仔鼠出生后应立即进行保温。由于母鼠产仔后有强烈的护仔行为，因此，在母鼠分娩结束后，管理人员最好不要去拿仔鼠，除非太弱的仔鼠需要拿开隔离进行特别护理的，也不要立即对产池进行清洁或消毒，否则易引起母鼠的不安全感，出现咬仔的行为。待产后 3 天母鼠的情绪稳定后再进行清洁卫生，且只清洁窝边的残留饲料和粪便，垫料无需更换，添加即可，因为母鼠会将湿、脏的垫料推到一角，用新料重新做窝。清洁时也要注意动作要轻。

104. 哺乳期的母鼠如何管理？

母鼠哺乳期的管理主要是少惊扰，加强营养、保暖。由于母鼠在哺乳期体能和营养消耗较大，在哺乳期间获取的营养不但要保证自己的营养需求，还要保证有足够的乳汁分泌，需要消耗大量的营养物质，因此，投喂的饲料营养要比空怀期母鼠的营养要高，要投喂含蛋白质及维生素等营养全面的饲料。若投喂的饲料不能满足哺乳的营养需要，就会消耗母鼠本身储存的营养来满足哺乳需求，久之则会降低母鼠的体质，影响乳汁的分泌量，造成母鼠奶水不足或无奶。

母鼠哺乳期饲养得是否好，可以通过母鼠分泌乳汁的旺盛及仔鼠生长和粪便情况来判定。一般奶水足的情况下，仔鼠不乱叫、睡得安稳、不乱动乱爬、皮色光亮，若母鼠奶水不足仔鼠则会长时间地吱吱叫，前期叫声会稍大，后期叫声显得无力，母鼠也会烦躁不安，乱串。由于乳汁的不足，仔鼠的会频繁咬母鼠奶头，奶头有时会被仔鼠尖细的牙齿咬伤，母鼠会出现咬死仔鼠的行为。若发现产池内尿液过多，说明投喂含水量高的饲料过多，应减少投喂，若母鼠粪便干硬则说明投喂含水分多的饲料少，应

增加投喂。哺乳期或断奶时要注意预防母鼠患乳房炎：哺乳期乳汁过多仔鼠吃不完，或乳汁分泌不足仔鼠相互争抢奶头咬伤均会引发乳房炎。奶水不足和过多都可以通过食物来调控，不足可增加蛋白性饲料，过多则适当减少蛋白性饲料的投喂。

105. 睡眠期的仔鼠如何管理？

仔鼠从出生到开眼需要 15 天左右，开眼前的一段时间称为睡眠期（图 6-1）。刚出生的仔鼠眼睛紧闭，耳孔闭塞，体色红润，体表无被毛，3 天后才逐渐长毛，体表也由红色慢慢变成灰色至灰黑色。此阶段的管理要特别注意，若管理不当，很容易造成仔鼠死亡。如保温不当仔鼠爬出窝外没有能力自行爬回，而母鼠睡着没有及时将仔鼠叼回窝而受冻死亡。母鼠受惊咬仔或弃仔、睡压，供应的

图 6-1　出生的仔鼠

食物营养不足、不全面，致母鼠营养不良而奶水不足等均会造成母鼠咬仔和仔鼠死亡的现象。一些母鼠初产带仔经验不足，在叼仔鼠的时候力度把握不好而将仔鼠的皮肤划破，使其感染细菌而死亡。因此，平时要多巡查，谢绝除养殖人员以外的人参观，不随意捉拿仔鼠，不换池，仔鼠出生后不必立即打扫卫生，隔 3 天后再打扫鼠窝周边的粪便和饲料残渣即可。打扫时动作要轻，不动窝，不更换垫草，添加垫草即可。保证母鼠有安静、安全的带仔环境。由于仔鼠消化器官等发育尚未成熟，自身调节体温的能力极差，因此要特别注意温度的调控及防家鼠、猫等的进入。日常巡查中若发现有爬出窝而母鼠没有及时叼回且已经失去活动能力的仔鼠，可以将其用毛巾包裹住，并放在电热毯上保温，待其恢复活动能力后再放回鼠窝。

仔鼠出生后让其及时吃上母乳很重要。出生后吃足初乳的仔鼠要比长期奶水不足的仔鼠在生长速度、抗病能力及繁育能力等方面强。获取奶水不足的仔鼠，多数生长发育不良，抗病力差，死亡率也高。因竹鼠是通过吃初乳来获得抗疾病的免疫抗体，所以竹鼠出生后就让其吃上母乳初乳，这样才能保证竹鼠健康成长，繁殖能力强。出生后吃上初乳的仔鼠有助于其排出胎便，仔鼠排出胎粪后，母鼠会给仔鼠舔干净，并且会将胎盘吃掉，所以仔鼠出生后不必马上打扫鼠窝较干净。母鼠奶水不足时要投喂多汁的青粗料和高蛋白等饲料，必要时可投喂催奶药物。

竹鼠体质的强弱及产仔率与幼体时能否吃上母初乳有很大的关系。睡眠期的仔鼠就跟出生的婴儿一样，除了吃奶就是睡觉，新陈代谢也非常旺盛，吃下的奶水绝大部分

被吸收消化，很少排出粪便，若仔鼠能有足够的奶吃，其睡觉也安稳，不会乱叫乱动，腹部圆胀，皮红有光泽，被毛柔和，生长也快。若发现仔鼠腹部干瘪，乱爬乱抓，发出吱吱的叫声，母鼠离窝乱串不安，说明母鼠奶水不足，应及时对母鼠进行药物催奶，若 3 天内母鼠还没有奶水的，应将仔鼠轻轻移出实行代养，即把仔鼠放到产仔少且产仔时间与代养仔鼠的出生时间相差最多 2 天左右的母鼠池内让其代养。放时动作要轻，当母鼠听到响声或是仔鼠的叫声后会出来把代养的仔鼠叼入窝室内。一般出生 20 多天的仔鼠可自行采食一些植物性的饲料，此时要投喂鲜嫩的竹子或是牧草茎，其排出细小且稍硬的粪便，属正常的。

106. 开眼期的仔鼠如何管理？

开眼期仔鼠是指出生 11～40 天的仔鼠。仔鼠一般在出生后第 11～15 日开眼，仔鼠开眼时上下眼皮分开，眼球有一层白色的膜，待 2 天后露出黑色的眼珠，才能完全看清物体，此时才算真正的开眼。同窝仔鼠开眼也有先后，有的 11 天开眼，有的 18 天开眼，有的 20 天才开眼，若超过 23 天不开眼的，就要进行人工助其开眼，即用棉签沾上生理盐水轻轻擦拭仔鼠眼帮其开眼。

开眼期的仔鼠的饲养管理主要是补料、断奶。开眼后的仔鼠由于消化及代谢较快，其生长发育也快，而且母鼠的乳汁也开始减少，满足不了仔鼠的营养需要，而开眼后的仔鼠会自行采食食物，此时要投喂一些易消化的青粗料，如嫩竹枝、芒草根、牧草秆、甘蔗、红薯、凉薯等，注意红薯、甘蔗等含水分大的青粗料不可投多，一般每只仔鼠每天的投喂量为一粒带壳的花生大即可，精料暂时不加，1个月左右精料里适当增加些煮熟的黄豆、鱼粉等蛋白饲料，添加的量由少到多，慢慢地增加，不可一下增加太多。

每天要打扫卫生，清除粪便及吃剩或散于食盘外的残留饲料，避免仔鼠误食变质饲料而致病。在打扫卫生及添加垫料或加食物时要注意观察仔鼠的毛色及精神状态等，若发现有精神萎靡，毛色杂乱的，要仔细查看仔鼠体毛根部有没有寄生虫留下的结痂；腹部是否鼓胀；后腿有没有体外寄生虫卵囊；粪便的颜色、形状及干湿等是否有反常情况，如有及时处理。

仔鼠出生30天后准备断奶。一般满月后的仔鼠自行采食能力逐渐增强，投喂的青粗料保证新鲜且干净，精料里也开始逐渐增加复合维生素、矿物质及微量元素等，以防断奶应激。35天后根据仔鼠的生长及外界温度情况实施断奶。断奶时如果一窝中个体有大有小，最好把个大的先隔出到培育池，体弱的延迟几天再断奶，若是一窝中个体大小都差不多，直接将母鼠移到母鼠空怀区饲养。此时要特别注意母鼠的乳房会因断奶而乳汁过多致乳房炎等疾病的发生。

107. 幼鼠怎样饲养管理？

断奶隔离后转入培育池的小鼠称为幼鼠。转入培育池的幼鼠以体格差不多的放一池，每池的数量因池的大小和季节的不同而定，一般池小且在炎热的夏季每池可放5

只，池大、冬季每池可放 8～12 只，冬季密度高些利于保温，若同一池出现有 2～3 只争食较频繁且凶的，则需将其分池，避免因争食而将饲料弄出食盘外，被粪便尿液污染而造成浪费，或因进食不足而造成营养不良，或因进食被污染的饲料而造成胃肠疾病。断奶阶段的小鼠由于消化机能较成年鼠弱，其各调节机体还不很健全，抗病能力稍差，养殖过程中要特别注意观察，注意保温。幼鼠的活动量及采食量也逐渐增加，这阶段投喂的饲料要新鲜、清洁、易于消化、多样化、营养全面均衡，要在精料里适当添加一些矿物质、复合维生素和 EM 有益菌等，以提高幼鼠的抗病力。青粗料的投喂可与成年鼠一样（如竹子、鸭脚木、甘蔗、牧草秆、玉米秆、野胡椒等），但含水分高的饲料要适当（如甘蔗、红薯、凉薯及瓜果类等）。精料也要适当，含脂肪和淀粉类较高的玉米、红薯等精料要适当投喂，每只鼠每天的精料投喂量在 25 克左右即可。因幼鼠的消化能力不强，若投喂的饲料单一，特别是投喂的精料含淀粉和脂肪较高的话，过剩的精料在肠道内残留发酵，易致肠道菌群紊乱而出现胃肠道痢疾。

此时期也是进行第一次选择种鼠的阶段，按选种要求进行 1∶1 的配比进行选择，由于公鼠的淘汰率高于母鼠，公鼠可稍多挑选，以留够第二次的选种。

108. 成年鼠如何进行饲养管理？

3 月龄以上的竹鼠称为成年鼠。成年鼠的消化功能趋于完善，生长速度较快，主要是长骨骼和肌肉，对各种营养的要求较高，如蛋白质、维生素、微量元素及纤维素等要全面均衡。投喂成年鼠的饲料以青粗料为主，精料为辅，定期投喂驱虫药。成年鼠每只鼠每天投喂的精料在40克左右即可满足竹鼠生长的需要。青粗料不断，且青粗料要多样化，含淀粉较高的料适当投喂，不可过多，过多不易消化，易引发胃肠疾病。若投喂的饲料营养不够，无论是缺乏哪种营养，均会推迟竹鼠的生长，体成熟和性成熟也会受到影响。

成年鼠饲养一段时间后要进行二次选种，选出体质差、生长缓慢及患过病的成年鼠转入商品鼠群，留下体壮、活泼好动、反应灵敏、无病史的作为种鼠。选择出做后备种鼠的饲养管理要注意，投喂的含脂肪等较高的能量饲料不可过多，过多易造成种鼠较肥，会影响繁殖，越肥的种鼠产仔就越少，且易出现无奶水和咬仔、死仔的现象；也不可过瘦，过瘦繁殖率也低。种鼠喂至八成肥即可。

109. 竹鼠春季怎样进行饲养管理？

春季是雨水较多的季节，空气潮湿，也是有害细菌繁殖和传播旺盛期，此时期的气温变化较大，特别是早春早晚温度忽高忽低，十分不稳定，易造成竹鼠感冒、肺炎等疾病的发生。因此，春季的管理应以防病、防潮湿、防寒保温为主。并抓紧繁殖，保持一定的密度和室内的环境卫生。

春季投喂的青料不要收割回后立即投喂，待晾干表面没有水分后方可投喂，霉烂变质的饲料绝不可投喂。阴雨天应少喂含水分重的青料，多喂干青粗料。注意早晚保

温。并经常用中草药（如菊花、金银花、车前草、大蒜等）煮水或用EM菌液、黄芪多糖拌入饲料中投喂，以提高竹鼠的免疫力，从而减少疾病的发生。其次，鼠场及鼠舍要做好防潮防菌、清洁卫生工作。保持鼠舍的干燥通风，可通过撒生石灰等方法使潮湿的鼠场干燥。投喂料前应将上顿剩余的精料清扫干净，饲料盘用消毒溶液浸洗过再进行投喂。

110. 夏季如何对竹鼠进行饲养管理？

夏季是一年当中温度较高的季节，由于竹鼠自身不能调节体温，当鼠舍高温超过30℃，竹鼠则会烦躁不安，倦怠，食欲减退，造成营养不良，影响生长；公鼠精液质量下降；妊娠中后期的母鼠在高温下很容易受到热应激而易产死胎，弱胎，流产甚至死亡；哺乳期的母鼠乳汁量减少等。因此，夏季降低场舍内气温非常重要，要认真做好防暑降温工作，加强室内通风，保持室内清洁干燥，及时清除粪便，降低密度，鼠窝用竹丝等清凉透气的材料，并减少热料的厚度，严格消毒，加强营养，多投喂含水量多的青粗料，并在精料中增加维生素的含量，或是喂以清热消暑的绿豆水，或是在饮水中加少量的金银花水、藿香、雷公根、野菊花、苦艾、EM菌液、食盐等，以减少竹鼠对高温的热应激，保持竹鼠的体质稳定。增加多汁青粗饲料的投喂量，并保证竹鼠有足够的饮水。夏季也是蚊子、苍蝇繁殖旺盛期，在保持鼠场干净卫生的同时，还应做好防蚊和防苍蝇的工作，避免传播疾病。

111. 秋季对竹鼠如何进行饲养管理？

秋季由于白天气温高，早晚温差大，也是竹鼠易患感冒、肺炎等疾病的高发时期。因此，秋季的管理还是以防病、白天降温、早晚保温工作为主。晚上应关好门窗，白天应注意保持室内通风，以及地面、池舍、食具的清洁，种鼠应增加蛋白质及微量元素的投喂，避免投喂变质的饲料，并为冬季做好储备青粗料的准备。

112. 冬季如何进行饲养管理？

冬季由于气温低，天气寒冷，竹鼠容易因低温导致季节性的感冒、肺炎等疾病，加之冬季青粗饲料少，对竹鼠的生长发育极为不利。因此，冬季的管理工作主要是做好保暖工作，预防疾病以及保证投喂的饲料营养全面。鼠场舍应适当封闭门窗，防止风进入，并增加能量饲料的投喂量，提高竹鼠的饲养密度。由于竹鼠的尿液粪便多，应常清扫鼠池和更换稻草等保温垫料，中午温度稍高时，打开门窗10分钟左右再掀开鼠池上的纸板，使整个鼠舍通风换气，避免因空气混浊而致病。

冬季饲料的投喂也不可马虎，冬季大多地方都会有霜冻、结冰，所以投喂的青粗料一定注意避免结冰或霜冻。投喂的料最好在喂前放在鼠舍内半小时，待温度与室温相差时再投喂。冬季减少多汁青粗料的投喂，适当增加精料的投喂量（如黄豆、糠麸、玉米类等高能量精饲料），添加金赛维、黄芪多糖等，适当增加鸭脚木等抗病性青粗

料，以提高抗病力。另外，由于冬季气候干燥，如室内空气相对湿度低于40%时，应及时向地面洒少许水，保持空气相对湿度45%～55%即可，室温应保持在18～25℃之间。

第七章 竹鼠疾病的防治

113. 平时有必要对竹鼠疾病进行预防吗?

竹鼠是适应性及抗病力极强的哺乳动物之一，特别是生活在野外的竹鼠发病率则更少。但在人工饲养条件下的环境及人为因素，竹鼠患病的概率往往要比自然界的竹鼠患病的概率大很多。竹鼠疾病的预防和治疗是否成功，直接关系到养殖的信心及鼠场的发展持续和经济效益，是竹鼠养殖工作中的重要环节，必须列入养殖工作的日程中。

规模化养殖竹鼠，由于密度大，疾病的发生概率较大，传染病的传播也较快，很多养殖户认为没有发生病情无需进行消毒预防，其实是错误的，无论大小养殖户一定要依照竹鼠的生活习性，创造有利于竹鼠生长发育的温、湿度及生活环境。一定要建立一套健全、安全可行的卫生、消毒、疾病防疫制度。

114. 无病发生有必要对场舍进行消毒吗?

很多小规模的养殖户认为把栏舍清扫干净就行，消不消毒无所谓，从没消过毒还不是没患过病，购消毒药水还增加养殖成本，有病时消毒还不是一样会患病，没病时不消毒都不患病。有的则认为，消毒反而使竹鼠生病或死亡；有的朋友则认为现在市场上出售的消毒剂假的太多，

买回的消毒剂不但起不到消毒的效果，还浪费了钱。

其实消毒剂不同于治疗性的药物，能在短时间内见到效果，但可预防疾病的发生，若等到患病了再买药进行治疗，这时花费的钱及对竹鼠的伤害要大得多。另外很多朋友对消毒剂的配比及使用不当，消毒后对竹鼠造成不适或死亡，觉得不消毒还好。

115. 哪些消毒防疫措施是错误的?

（1）未出现患病不进行消毒　消毒的主要目的是杀灭传染源的病原体。很多养殖户在竹鼠患病后才进行消毒，其实在畜牧养殖中，即使没有疾病发生，但外界环境存在传染源，传染源会释放病原体，病原体就会通过空气、饲料、饮水等途径传播，如果没有及时消毒抑制病原体在环境的复制，环境中的病原体就会越积越多，达到一定程度时，就会引起疫病的发生。即使环境中的病原体积累的不多，但一些抗病力差、体弱或是刚产完仔的母鼠则逃不掉，使得体弱的竹鼠感染病毒或是细菌，若不注意观察或是管理松散，不及时隔离治疗，则会引发全场疾病的发生。因此，养殖户更应该制定并进行消毒防疫，防患于未然。

（2）消毒前不进行清扫　由于养殖场存在大量的有机物，如粪便、饲料残渣、动物分泌物、鼠毛、污水或其他污物，这些有机物中藏匿有大量病原微生物，会消耗或中和消毒剂的有效成分，严重降低了对病原微生物的作用浓度，因此，消毒前一定要进行彻底清洁，方可达到最佳效果。

（3）消毒过的不会再传染　尽管进行了消毒，但不一定就能收到彻底消毒的效果，这与选用的消毒剂品种，消毒剂质量及消毒方法有关，就是已经彻底规范消毒后，短时间内很安全，但许多病原体可以通过空气、蚊子、苍蝇等媒介传播，竹鼠不断排出的尿液及粪便也在不断污染环境，也会使环境中的各种致病微生物大量繁殖。因此，必须定时，即1周或半月进行1次彻底、规范的消毒，并进行免疫接种，使养殖的竹鼠不患病或是少患病。

（4）消毒剂气味越浓，消毒效果越好　消毒效果的好坏，主要是看消毒剂的杀菌能力，而不是消毒剂的气味越浓消毒效果越好。多数消毒效果好的消毒剂没有什么气味，如聚维酮碘、新洁尔灭等，相反一些气味浓、刺激性大的消毒剂，对竹鼠的呼吸道、体表等有一定的伤害，反而易引起呼吸道疾病。

（5）长期固定使用单一消毒剂　很多养殖户为了省钱，大量批发一种消毒剂回来，长期固定使用同一种消毒剂，但用久了一些细菌或病毒会对此种消毒剂产生耐药性，消毒效果大打折扣。因此，最好用几种不同类型的消毒剂交换使用。

116. 哪些做法是正确的疾病防疫？

（1）消毒杀菌　在人工养殖下，为求经济效益，很多养殖场的竹鼠养殖密度较大，特别是一些发展不断扩大，而鼠舍无法得到扩大的养殖场，其养殖密度就更大，加之不注意疾病的预防，使得一些疾病的病原也在不断地蔓延，因此，无论是新建的场舍还是旧房改造的鼠舍，在引入种鼠前全场必须经过消毒杀菌处理。养殖场及养殖舍门前应设有消毒区，进入养殖鼠舍内的一切人员一定要换鞋或是进行紫外线或药物的消毒处理方可进入。不可在鼠池旁或鼠房内或鼠房外及饲料室进行宰杀、解剖病鼠或丢弃病死鼠。

对鼠场进行综合性消毒是预防措施中的重要手段。对养殖场及养殖舍内、外影响竹鼠生长的大部分病原微生物采用消毒液或中草药定期进行消毒预防，同时保持鼠舍周围环境清洁、卫生、干燥、通风。栏舍内的排泄物及吃剩的饲料每天清扫1次，3～5天用消毒液对鼠舍进行1次消毒，半个月至1个月对全场进行1次全面的清扫及消毒，对栏舍进行消毒时最好使用三种以上的消毒液交换使用，方能有效地消灭传染源散播于外界的病原微生物。若发现有传染性疾病时，应及时将病鼠隔离治疗，对污染过的栏舍、食盆等进行彻底消毒，以切断各种传播媒介，并对健康鼠投喂中草药进行预防，同时采用艾叶煮水对全场进行喷洒或熏蒸。

（2）拒绝变质饲料　对购入的饲料要符合卫生标准，严防投喂发霉变质的精料，青料要卫生，收割回的牧草秆、竹子、甘蔗、鸭脚木等青粗料最好洗干净，待水干后再投喂，腐烂带有细菌的甘蔗、牧草秆等应将腐烂部分切掉后再进行投喂，陈年的或是受潮发霉的玉米、豆粉精料等应用0.1%高锰酸钾浸泡后再拌些蒙脱石进行投喂，否则易患肠道方面的疾病。

加强饲养管理，饲料要营养全面，平时可在精料中加入少量EM菌液、黄芪多糖、复合维生素等增强竹鼠体质，提高竹鼠的自身抗病能力。

（3）正规场引种　引入的种鼠好坏决定着养殖者的信心、养殖成本及经济效益。引入的种鼠必须是经过优良选育、健康的竹鼠。引种时最好到正规、规模大、具有丰富养殖经验的养殖场引入，规模大的养殖场都会对种源进行优化选育繁殖，另外具有一定规模的养殖场在管理、疾病防治、检疫等方面做得较好，从这样的场引入种苗，避免了引入近亲繁殖或是携带大量病毒细菌的鼠苗，提高了竹鼠的抗病力及正常的生长发育。

（4）药物预防　日常中发现可疑的病鼠时应将病鼠及时隔离观察治疗，对鼠舍及食盆等用具进行彻底的消毒，并对健康的竹鼠采用中草药物进行预防，若是遇上流行性的传染病，不及时隔离则会在短时间内致全场的竹鼠感染病菌，特别是急性肺炎治疗不及时则全场覆没。因此，在春季及秋末感冒及肺病的高发期，用板蓝根、菊花＋金银花等中草药煮水或拌料投喂竹鼠，可预防和治疗感冒；腹泻高发期的冬末初春，可用蒙脱石、丁胺卡那霉素拌精料投喂；每个季度可用左旋咪唑、阿苯达唑等驱虫药进行拌料投喂，以预防和驱出竹鼠体内的寄生虫等疾病。另外，疫苗免疫接种是预防和控制竹鼠不患或少患及控制传染病的一项极为重要的措施，目前虽还没有竹鼠专用的疫苗，但采用这一措施的养殖场多是用兔子或是鸡的疫苗进行接种，有一定的效果。

117. 哪些因素会引发竹鼠生病？

在人工养殖条件下，由于不注重场、舍的环境卫生，

以及投喂携带着大量细菌、病原体的青饲料或发霉变质的精料及不干净的饮水，均会直接导致一些细菌的繁殖，竹鼠感染后而患病。另外，为提高经济效益，大多数养殖场的养殖密度较大，这样一来，竹鼠活动的范围就小，得不到充分的伸展活动，无形中就降低了竹鼠的抗病力，增加了竹鼠患病概率。而冬季由于天气因素竹鼠机体对疾病的抵抗能力低，另外，春季温度忽高忽低不稳定，以及梅雨期的湿度大，地面潮湿，细菌繁殖快，也是导致竹鼠患病的重要因素之一。因此，养殖者在养殖生产过程中，应对竹鼠饲料进行科学的配制及对全场进行严格的管理，制定并实施完善的卫生疫预管理制度，以“预防为主，防重于治”的原则为主。

在人工养殖的竹鼠过程中，竹鼠的任何一种疾病的发生大多都不是因为一种原因引发的，环境、外来病源、食物及自身机体因素等都会直接或间接地造成。

118. 环境因素如何引发竹鼠疾病？

场址的选择、鼠舍的设计建造不当是引发竹鼠生病的因素之一。竹鼠是爱干净、喜干燥、喜凉爽、怕冷的毛皮动物，很多养殖者在初养殖时由于缺乏管理经验及对竹鼠的习性了解不够，认为家鼠都是在潮湿阴暗的地方生活，抗病力强，也像家鼠一样不易生病，容易饲养。建舍时在水泥地板上或在旧屋房里围上水泥池即开始养殖，俗不知不科学、规模不合理的或是建造简陋的鼠舍，由于四周通风，使得冬季冷风直吹，保温性差，加之管理不到位，致竹鼠感冒；或建造的鼠房不通风、通风差，夏季闷热空气不流畅，阴暗潮湿，春季大量细菌滋生，易致竹鼠感染病毒受细菌侵扰，直接致竹鼠患寄生虫病、呼吸道病、肠道病等疾病；防敌害不到位，蚊虫、家鼠、猫、狗等家禽家畜的袭击及惊扰，易导致孕鼠流产或吃仔、弃仔等现象。因此，养殖中环境因素是不可忽视的一个重要问题。

119. 哪些人为因素可引发竹鼠生病?

很多饲养人员，特别是农村的小规模或是家庭式的养殖朋友在无意识的情况下，将农药、化肥、桐油、柴油类等化学物品顺手放在竹鼠房里；投喂未经过合理配制的精、粗饲料，腐败变质或发霉或含有黄霉曲的饲料；连鼠带舍一起消毒时使用含刺激性较大的消毒液或配制的消毒液浓度不合理；久不清理打扫鼠舍；春季早晚温差、湿度大，不注意调节温、湿度；夏季不注意降温、冬季不及时保暖等人为的因素都是引发竹鼠患疾病的原因。

120. 竹鼠自身机体因素也会引发疾病?

不少养殖者不懂选育或是为了经济效益，不注重优良选育，任竹鼠近亲繁殖，或出售近亲的种苗；或营养不均衡，使得竹鼠的免疫功能、抗病力下降，外来病源等致竹鼠的发病率增高。特别是近两年竹鼠患病的比例在不断地提高，普通的感冒、胃肠道等普通疾病很快转变为肺炎、肝病、腹水等疾病，增加了死亡的概率。

121. 竹鼠疾病预防的常用消毒药品有哪些?

消毒药品种类繁多，按其性质可分为醇类、碘类、酸

类、碱类、卤素类、酚类、氧化剂类、挥发性烷化剂类等，下面主要介绍饲养场及对竹鼠体常用的几种消毒药。

（1）氢氧化钠　又称苛性钠、烧碱或火碱，属碱类消毒剂，粗制品为白色不透明固体，有块、片、粒、棒等形状；成溶液状态的俗称液碱，主要用于场地、栏舍等消毒。2%～4%溶液可杀死病毒和繁殖型细菌，30%溶液10分钟可杀死芽孢，4%溶液45分钟可杀死芽孢，如加入10%食盐能增强杀芽孢能力。日常中常以2%的溶液用于消毒，消毒1～2小时后，用清水冲洗干净。

（2）生石灰　碱类消毒剂，主要成分是氧化钙，加水即成氢氧化钙，俗名熟石灰或消石灰，具有强碱性，但水溶性小，解离出来的氢氧根离子不多，消毒作用不强。1%石灰水杀死一般的繁殖型细菌要数小时，3%石灰水杀死沙门菌要1小时，对芽孢和结核菌无效。日常中直接撒在阴湿地面、粪池周围及污水沟等处吸湿、消毒。

（3）赛可新　酸类消毒剂，主要成分是复合有机酸，用于饮水消毒，用量为每升饮水添加1.0～3.0毫升。

（4）农福　酸类消毒剂，由有机酸、表面活性剂和天然酚混合而成。对病毒、细菌、真菌、支原体等都有杀灭作用。常规喷雾消毒作1∶200稀释，每平方米使用稀释液300毫升；多孔表面或有疫情时，作1∶100稀释，每平方米使用稀释液300毫升；消毒池作1∶100稀释，至少每周更换1次。

（5）醋酸　酸类消毒剂，用于空气熏蒸消毒，按每立方米空间3～10毫升，加1～2倍水稀释，加热蒸发。可带畜、禽消毒，用时须密闭门和窗。市售酸醋可直接加热熏蒸。

(6) 漂白粉　卤素类消毒剂，灰白色粉末状，有氯臭，难溶于水，易吸潮分解，宜在密闭、干燥处储存。杀菌作用快而强，价廉而有效，广泛应用于栏舍、地面、粪池、排泄物、车辆、饮水等的消毒。饮水消毒可在1000千克河水或井水中加5～8克漂白粉，10～30分钟澄清后即可饮用；地面和路面可撒干粉再洒水；粪便和污水可按1：5的用量，一边搅拌，一边加入漂白粉。

(7) 二氧化氯消毒剂　卤素类消毒剂，是公认的新一代广谱强力、高效安全的消毒剂，杀菌能力是氯气的3～5倍；可应用于鼠体、饮水、饲料、栏舍空气、地面、设施等的环境消毒或除臭；具有安全、方便、消杀除臭作用强的优势。

(8) 消毒威（二氯异氰尿酸钠）　卤素类消毒剂，使用方便，主要用于养殖场地喷洒消毒和浸泡消毒，也可用于饮水消毒，消毒力较强，可带畜、禽消毒。也是目前多数竹鼠养殖场常用的消毒药物。

(9) 氯毒杀　卤素类消毒剂，使用同消毒威。

(10) 百毒杀　双链季铵盐广谱杀菌消毒剂，无色、无刺激和无腐蚀性，可带畜、禽消毒。配制成万分之三或相应浓度用于畜禽圈舍、场地、用具的消毒，万分之一的浓度用于饮水消毒。

(11) 东立铵碘　双链季铵盐、碘复合型消毒剂，对病毒、细菌、霉菌等病原体都有杀灭作用。可供饮水、环境、器械等消毒；饮水、喷雾、浸泡作1：(2000～2500)稀释，发病时作1：(1000～1250)稀释。

（12）菌毒灭　复合双链季铵盐灭菌消毒剂，具有广谱、高效、无毒等特点，对病毒、细菌、霉菌及支原体等病原体都有杀灭作用；饮水作1∶（1500～2000）稀释；日常对环境、栏舍、器械消毒（喷雾、冲洗、浸泡）作1∶（500～1000）稀释；发病时作300倍稀释。

（13）福尔马林　醛类消毒剂，是含37％～40％的甲醛水溶液，有广谱杀菌作用，对细菌、真菌、病毒和芽孢等均有效，在有机物存在的情况下也是一种良好的消毒剂，缺点是有刺激性气味。以2％～5％水溶液用于喷洒墙壁、地面、料槽及用具消毒；房舍熏蒸按每立方米用福尔马林30毫升，置于一个较大容器内（至少10倍于药品体积），加高锰酸钾15克。事前关好所有门窗，密闭熏蒸12～24小时，再打开门窗去味。熏蒸时室温最好不低于15摄氏度，相对湿度在70％左右。需注意带有鼠的场舍不可进行密封消毒。

（14）过氧乙酸　氧化剂类消毒剂，纯品为无色澄明液体，易溶于水，是强氧化剂，有广谱杀菌作用，作用快而强，能杀死细菌、霉菌芽孢及病毒，不稳定，宜现配现用。0.04％～0.2％溶液用于耐腐蚀小件物品的浸泡消毒，时间2～120分钟；0.05％～0.5％或以上用于喷雾，喷雾时消毒人员应戴防护目镜、手套和口罩，喷后密闭门窗1～2小时；用3％～5％溶液加热熏蒸，每立方米空间2～5毫升，熏蒸后密闭门窗1～2小时。

（15）强力碘　是碘、碘化钾、硫酸、磷酸等配成的水溶液，为棕红色液体，具有亲水、亲脂两重性，溶解度大、无味、无刺激。杀菌作用持久，能杀死病毒、细菌、真菌及原虫等。多用于竹鼠房舍、用具等消毒。用5%溶液对鼠栏喷洒消毒，每立方米用药5～10毫升，10%溶液浸泡食盆及用具，或是投入水中让已患肠道疾病的竹鼠饮用。

（16）碘酊　专用于皮肤消毒，对黏膜和创伤皮肤有刺激性。

（17）龙胆紫药水　用于皮肤外伤、口腔炎、黏膜的消毒，直接用1%～2%的紫药水进行消毒即可。

（18）双氧水（过氧化氢溶液）　含3%过氧化氢，为无色透明液体，遇有机物可迅速分解产生泡沫，加热或遇光即分解变质。在与组织过氧化氢酶接触后分解出初生态氧而呈杀菌作用，主要用于消毒、防腐、除臭。0.5%～1%溶液用于冲洗口腔黏膜；1%～3%溶液用于冲洗化脓创面。

122. 竹鼠疾病治疗用药物有哪些？

（1）头孢哌酮　抗菌谱广，对革兰氏阳生菌及阴性菌均有作用。主要用于敏感菌引起的各种感染，对呼吸系统感染、尿路感染、胆道感染有杀菌抑制作用。

用法：皮下注射或是口服，每千克体重竹鼠用量为50～80毫克，连用3天。

（2）丁胺卡那霉素　对革兰氏阴性菌、铜绿假单胞菌、革兰氏阳性菌及部分分枝杆菌有很强的抗菌活性，主要用于各种需氧革兰氏阴性菌引起的各系统感染。一般用于竹鼠的肠炎。

用法：肌内注射或口服，每千克体重竹鼠用量为10～

15毫克。

（3）美罗培南　为广谱的碳青霉烯类抗生素，具有很强的抗菌效果，对革兰氏阳性菌、阴生菌均敏感，尤其对革兰氏性菌有很强的抗菌性，用于敏感菌引起的各种中、重度感染。

用法：注射或口服，每千克体重竹鼠用量为10～15毫克。

（4）头孢曲松钠　对大多数革兰氏阳性菌和阴性菌都有较强的抗菌作用。用于敏感菌所致的呼吸道感染、皮肤软组织感染，腹膜炎、泌尿及生殖系统感染、败血症等。

用法：肌内注射或口服，用量为每千克体重竹鼠50毫克，连用3天。

（5）头孢噻肟　抗菌药物，对嗜血性流感杆菌、大肠杆菌、沙门杆菌、克雷伯产气杆菌属、奇异变形杆菌、奈瑟菌属、葡萄球菌、肺炎球菌、链球菌等对有较强的作用。主要用于各种敏感菌所致感染，如呼吸道、五官、腹腔、胆道、泌尿系统感染、败血症等。

用法：肌内注射或口服，每千克体重竹鼠用量为50毫克，连用3天。

（6）诺氟沙星、恩诺沙星　抗菌谱广，对大肠杆菌、巴氏杆菌、沙门氏菌等有较强的抗菌作用，对葡萄球菌等革兰氏阳性菌了有较好的抗菌作用。用于敏感菌的致的泌尿道、肠道等感染性疾病。

用法：肌内注射或口服，每千克体重竹鼠用量为50～80毫克，连用3天。

（7）甲硝唑　为广谱抗厌氧菌和抗原虫。对大多数专性厌氧菌，如黑色素拟杆菌、梭状杆菌属、粪链球菌等有良好的抗菌作用，还具有抗滴虫及阿米巴原虫的作用，对球虫也有一定的抑制作用。主要治疗由厌氧菌引起的系统或局部感染，如消化道、口腔、皮肤、腹腔及软组织的厌氧菌感染及阿米巴肝脓肿、弧菌性肝炎、坏死性肠炎、阿米巴痢疾、毛滴虫、鞭毛虫等疾病。

用法：口服，用量为每千克体重竹鼠为 20 毫克，连用 3 天。

(8) 利巴韦林　广谱抗病毒药，能抑制病毒的合成核酸，对多种 RNA、DAN 病毒有抑制作用。用于病毒生感冒、腺病毒、肺炎、肝炎等。多用于竹鼠感冒。

用法：注射或口服，用量为每千克体重竹鼠 10～15 毫克，连用 3 天。

(9) 吗啉胍　广谱抗病毒药，对多种病毒有抑制作用。用于呼吸道感染，流感等疾病。

用法：口服，每千克体重竹鼠用量为 10 毫克。连用 3 天。

123. 驱虫类药物有哪些？

(1) 阿苯达唑（丙硫达唑、肠虫清）　主要针对体内寄生虫。为广谱、高效、低毒的驱虫新药，是目前养殖业使用最多的驱虫药，对线虫、绦虫、吸虫、鞭虫、钩虫、蛔虫均有驱除作用，对囊虫、虫卵发育也有显著的抑制。

用法：注射、拌料或是兑水口服，给药量为每千克体重 15～20 毫克，连用 3 天。

（2）左旋咪唑　为广谱抗线虫驱虫药，主要针对体内寄生虫。对畜禽的胃、肠道线虫有效，如蛔虫、钩虫、蛲虫及粪类圆线虫、食道口线虫等都有较好的治疗作用。

用法：拌料、兑水口服或注射，给药量为每千克10～15毫克，连用3天。

（3）吡喹酮　主要针对体内寄生虫，为新型广谱驱虫药。对血吸虫、肺吸虫、绦虫及囊虫等有驱除作用，特别是对绦虫的幼虫和成虫均有明显驱除作用，可使体内血吸虫向肝脏移动，并在肝组织中死亡。

用法：口服，用量为10毫克/千克体重，连用3天。

（4）甲苯咪唑　主要针对体内寄生虫，为广谱驱虫药。可杀死蛲虫、绦虫、粪类圆线虫、钩虫、鞭虫、蛔虫、包虫等。

用法：口服，用量为20毫克/千克体重，连用3天。

（5）伊维菌素　主要针对体外寄生虫。为新型广谱、高效、低毒的抗生素类驱虫药。对畜禽体内体表的线虫及体外的毛虱、疥螨、痒螨、血虱等体外寄生虫有良好的驱除作用。

用法：皮下注射、拌料或灌服，用量为每100千克饲料拌20毫克；注射则每千克体重注射0.2毫克。

（6）特敌克　主要针对体外寄生虫。为高效、低毒、作用慢的广谱驱虫药，对体外的虱、痒螨、疥螨、蜱等寄生虫具有较强的杀灭作用，产生的作用较慢，用药1天后能解体，并使虫体不能复活。

用法：每升水加药液1毫升对体表进行喷或涂。

（7）溴氰菊酯　主要针对体外寄生虫。为广谱、高效、低毒、残效期长的驱虫药，对家蝇、蚊子、血虱、牛皮蝇等具有触杀作用，对其他体外杀虫药耐药的虫体，本品亦有效。

用法：每升水加药液1毫升对体表进行喷或涂。

124. 竹鼠生病如何进行口服喂药？

口服给药是目前治疗竹鼠疾病最常用的方法之一，特别是对胃肠道疾病及驱体内寄生虫，口服给药比注射效果更快、更好。

（1）拌料、兑水　对还能进食和饮水的竹鼠，进行预防或是发病初期或是病情较轻的竹鼠治病给药时，特别是给患胃肠道疾病的竹鼠给药，在药物没有特殊气味的情况下，可将粉剂或水剂的药物加入精料或饮水中，先断一顿食物和水，再进行投喂，任竹鼠自由取食。由于是大群给药，拌料及兑水给药时应注意药的分量，应将药物与饲料充分搅均匀，防止取食不均，避免一些饲料拌有药物而另一些没有，使得一些竹鼠进食量过多，而一些鼠进食量不够或是未进食到，造成中毒或是防疫治疗无效。

（2）灌服　对于已经不进食而病情较重的鼠，则应进行灌服，灌服给药精准且效果好。将少量药液吸入注射器或是注射器式样的灌喂器，把注射器从侧面口角伸入竹鼠的嘴，缓慢地推动注射器活塞，注入药液，使病鼠自行吞咽。注意推药液时不能过快，否则易造成吸入性肺炎。

对于已经中毒处于半休克状态下或不吞咽、病重的竹鼠，可直接把药液灌入胃中。即在竹鼠门齿后缘放置一块中间带有一个小孔的木块，然后把一端套着注射器的导管

（小柔弱管）通过木板上小孔，小心地向口腔咽部插入，直到引直吞咽反射时，及时将导管插入食管直至胃内，慢慢地再将注射器内的药液注入导管。须注意的是，抽导管出来时空的注射器仍要连在导管上，导管在用前及用后都要进行消毒。

125. 怎样给病鼠注射给药？

（1）肌内注射　肌内注射也是养殖中常用的一种给药方法。选择在臀肌或是大腿内侧部肌内进行，注射部位消毒后，用手提直竹鼠尾巴，将针头迅速刺入竹鼠大腿内侧，不可过深，再慢慢将药液推入。扎针时注意不得伤到大血管和神经，针头不可全扎入，针头扎入0.7厘米即可，扎针前及扎针后均要对扎针的部位用碘酒消毒。肌内注射一般是在竹鼠病情较重、药物又有刺激性的情况下用。由于肌肉内血管丰富，注射后的药液吸收快，效果好。

（2）皮下注射　皮下注射的位置多是在肩部腹股沟附近，剪毛消毒后，用左手拇指和食指将皮肤提起，右手所拿的注射器高度与鼠体平衡，进针于皮下，松开左手，再将药液慢慢推入，拔针后用碘酒消毒进针部位即可。

（3）腹腔注射　腹腔注射即把药液注射入竹鼠的腹腔中。用手将竹鼠倒提起来，使竹鼠的肠向前，然后在腹脐部方向后中线左侧旁，向着脊柱处擦酒精或是碘酒，然后用短且细小的针头扎入0.5厘米，慢慢推入药液即可。采用此方法给药时，待竹鼠饥饿的胃内没有什么食物时更好。注意防止扎伤器官。

126. 如何给竹鼠外用给药？

一般是在竹鼠因打架或是捕捉时不小心弄的外伤，寄生虫及结膜炎等，直接涂抹或喷洒或滴即可。如因打架抓伤或是咬伤而致伤口发炎有脓汁时，消毒、将脓汁挤出后直接在伤口处喷或洒上消炎、消毒的药物。若是因感冒等呼吸道疾病引起的鼻腔有结痂或脓汁，则将竹鼠提起头朝上向后仰，用棉签将鼻腔的鼻液或脓汁去掉，然后将药液一滴一滴地滴入即可，不可连续滴，以免呛到竹鼠。

127. 给药时应注意哪些细节？

（1）注射前后消毒　注射针吸完药瓶里的药液后，应将针头向上垂直，用手指弹注射器内的气泡于针根部，再将气泡或空气推出，在给竹鼠注射给药前和拔出针时，一定要对进针的部位用碘酒或酒精进行擦拭消毒，呈45度角扎针后再往回拉一点，没有血液出后再推药液。

（2）禁止使用过期失效的药物　使用粉针剂抗生素时，如链霉素、青霉素、头孢类等，应现用现配，且稀释后的药在24小时后禁止使用。

（3）注意配伍禁忌　链霉素和氯霉素、磺胺类和青霉素、丁胺卡那霉素与维生素C等有明显的对抗作用，不可配合使用。若配合一起作用，不但起不到预防治疗的效果，还可能引起竹鼠中毒而死亡。即使可以配合使用的抗生素，必须使用两种或两种以上时，应单独稀释，分开注射，不可盲目混合使用。

（4）注意不同鼠的给药　根据竹鼠的体重、大小和老

弱、孕期不同给药量也不同，通常幼、老弱的鼠对药物较敏感，给药量要稍小；对妊娠期和哺乳期的用药也不可大，一些刺激性或治疗便秘的药慎用，以免造成流产或致胎鼠畸形。

128. 如何使用抗生素？

发现竹鼠患病后，应立即隔离检查病因，正确诊断疾病，及时准备给药，因不同种类的细菌所用的抗生素也是不尽相同的。掌握给药量也很重要，用量过大，会造成中毒或是肠道正常菌群失调及对各器官的损伤，用量不足，使药物达不到有效抑菌的作用，起不到治疗的效果，对急性病或病情严重的可适当加大首次剂量，然后按维持量使用，待病情稳定后减量维持 1～2 天。另外，给药时最好两种抗生素药一起正确地联合应用，会起到协同的作用，提高治疗的效果。

129. 如何知道竹鼠发病？

检查竹鼠是否健康或是诊断是否患病，最基本的方法就是对竹鼠体表进行触摸和对外观及粪便进行观察、嗅、听、触摸，有条件的养殖场还可对严重病鼠进行解剖，检查病理变化和进行化验检查及细菌培养检测，从而确定病因及使用对症药物。

（1）观察　通过观察竹鼠的活动、营养、精神状态、皮肤毛色、警惕性、进食情况、粪便成色、鼻部、嘴部、眼睛、口腔、四肢、生殖器官等进行观察，判断是否与健康竹鼠有异样，从而可判断竹鼠是否生病。

（2）嗅　对竹鼠排出的粪便、尿液及分泌物等气味来判断竹鼠是否患病。患病后的竹鼠身上散发出的气味与正常的鼠是不同的，多数病鼠的身上会散发出一种腥臭味，如鼻液有脓的鼠会有臭味；母鼠子宫患有疾病，其阴道分泌出的分泌物会散发出腐败味。

（3）听　在安静的环境下静听竹鼠内脏器官活动发出的声音和呼吸声，若呼吸声带有啰音，多数是肺炎或气管炎，若是打喷嚏、咳嗽，则多数为感冒。竹鼠咳嗽的声音不同其病情也不尽相同，如竹鼠咳嗽时声音清脆且无痰（即干咳），多为上呼吸道感染或是慢性支气管炎；若咳嗽的声音沙哑、有痰，嘴角湿，有口涎，多为肺炎、气管炎或支气管炎；若剧烈咳嗽多为急性喉炎、异物性肺炎，咳的声音短且轻，并伴有呻吟和不安、晃脑，多为胸膜炎。

（4）触摸　对精神不佳或反应慢的竹鼠用手进行全身或患病的局部仔细触摸，发现和了解被检组织或器官的状态及实质，对患病竹鼠的体温、弹性、反应性、形态及患病大小范围，皮肤有无损伤，有无寄生虫，肚子是否膨胀，病变位置等进行触摸来判断。

若发现有反常现象的竹鼠要将其进行隔离，加强观察、治疗，并及时检查场内的温度、湿度、卫生、通风、食物等是否处在适宜竹鼠生长的范围内，若有变化应及时调整。

130. 怎样知道竹鼠营养不良？

一般营养健康的竹鼠躯体各部位均匀，肌肉结实丰富，被毛光滑，皮紧，腹部结实有弹性，骨髓棱角不突

出，抓尾倒提后腋饱满，腋下皮不起皱，胸宽且深，背和腰宽。若是营养不良的竹鼠，躯体皮肤不紧密缺乏弹性，体消瘦，被毛粗乱无光泽，倒提褶皱多，骨髓外露明显，肢腹沟深陷呈消瘦状，四肢瘦长，爪指甲长且凌乱，两眼无光凹陷，尾巴细软或尾尖干枯。营养不良的竹鼠体质差易患病。

131. 从竹鼠的活动情况可看出发病吗？

营养全面均匀的健康竹鼠在日常活动中姿势自然，动作灵活且协调，走动时轻快敏捷，活泼，常喜欢用两后脚直立，抬头伸脖欲逃跑状，吃饱后喜用两只前爪作擦嘴状，或是抓痒。除采食外，其他时间多是在戏耍、假眠或是休息，稍有动静就会醒来。炎热的夏天喜欢四脚朝天仰卧或侧卧，憨态自然；冬天叼草做好窝后喜欢将身体蜷缩，呈蹲伏状。若是休息处于完全醒的状态，一般眼半闭，呼吸动作明显；若处于假眠状态下，则半闭眼，呼吸轻微，易醒；若双眼全闭完全处于睡眠状态，则呼吸微弱。患病的竹鼠一般不愿活动，多数蜷缩伏卧一角，非常怕冷的样子。

132. 从竹鼠精神状态能判断其生病吗？

从竹鼠的精神状态可判断出竹鼠是否健康或有病。竹鼠耳朵灵敏，特别是健康的竹鼠对轻微的异声都很警觉，不出声会抬头细寻声音的来源和远近，分辨外界的情况。若是遇大且刺激的声音，其他外来动物的袭击或人为过大的惊扰时会露出长且大的门牙，发出示威或警告的呼呼声，带仔母鼠则会把小仔叼嘴里。若是不健康的竹鼠多是精神沉郁，动作迟缓，目光呆滞，肌肉颤抖，食欲差，进食慢或拒食。

133. 从竹鼠的皮肤毛色状态可判断其生病吗?

健康竹鼠的皮肤紧密、结实且有弹性，被毛浓密、柔软，毛色均匀有光泽。若竹鼠皮肤发红、发绀或蓝紫色，多为急性传染性疾病引发的心力衰竭、中毒或缺氧造成；皮肤苍白则有可能为营养不均匀所致贫血；皮肤黄多为肝脏感染病毒；若是腹部发青或是臌胀，多为消化不良；若皮肤有结痂、肿块、黄豆或玉米粒样大小的疱疹，多为毛癣、寄生虫病。被毛粗糙、稀疏凌乱、脱落、干枯、发黄，多为竹鼠患消化道疾病或患有寄生虫病和营养不良所致；若皮肤被毛成块脱落，多为患霉菌病或是寄生虫病。触摸身体发现皮肤发热而尾巴冷，流眼屎或流泪，多数为竹鼠发烧。

134. 从竹鼠的粪便、尿液可看出其生病吗?

从竹鼠的粪便和尿液可看出是否患病。一般正常竹鼠的粪便呈大颗粒胶囊状，表面光滑，呈黄白色，干后用手轻捏发现像锯出的木屑，碎、干。若粪便表面含有细泡沫状水分，肛门外周围毛有湿印则为患肠炎拉稀；若若粪便颗粒小，且成串珠样，用手捏不易碎，则表明竹鼠已患便秘；若粪便色、形正常，但干燥且尿液量小，说明缺水；若拉出来的粪便呈胶样、半透明液体、绿中带血丝糊状，还有腥臭味，或先拉出来的粪便尖细后成糊状，则表明患

寄生虫病、痢疾等大肠杆菌引起的肠炎疾病。若是排出尿为血尿，则有可能患上膀胱炎或有内伤。

135. 如何从竹鼠的五官看出其是否生病？

健康竹鼠嘴周围干净；鼻周围红润细滑，无鼻涕流；眼明亮有神，眼角干净，无分泌物，面颊干净无杂物。若嘴角流涎、周围毛湿或有分泌物，则表明可能患口腔、胃肠道疾病。若发现鼻子周围有鼻涕流出，或带泡脓性鼻液，或是粘有污物，或是打喷嚏、咳嗽等，则有可能患呼吸道、肺部感染，传染性鼻炎等疾病。若眼神沉、呆滞、反应迟钝，流眼泪，眼角有眼屎，则有可能为发烧、结膜炎和巴氏杆菌感染；若可视黏膜出现黄染则多数为肝炎、寄生虫病或营养不良所致，若可视黏膜呈苍白色，多为贫血、寄生虫病或慢性疾病，若发绀多为呼吸和循环障碍或中毒或患巴氏杆菌病等，出现潮红多为患胃肠炎、传染病，溃疡则表明缺乏维生素；若眼睛含水，且处于半开状况，则为急性病的预兆；若两眼凹陷的时候眼眶周围向外凸出，则竹鼠处于中度脱水。若牙断或掉，则为营养不均匀，缺钙等原因。

136. 解剖能诊断竹鼠生什么病吗？

解剖检查是对患病临死或死亡后的竹鼠进行解剖，观察胸腹内各器官病理变化及受损情况，以能全面准确地诊断，采取有效的针对性防治措施，防止疫病的暴发和蔓延，也有助于以后竹鼠出现同样病症时能快捷、准确地诊断。竹鼠解剖检查包括了解一般状况、外部检查和内脏检查三大部分。

(1) 了解死前情况　解剖前首先要对竹鼠的性别、饲养管理、投喂的饲料、清洁防疫、发病和病死时间、用过何种药物、发病时鼠有什么表现等情况要了解清楚，以便更准确地对症用药。

(2) 外部检查　对将要进行解剖的病或死竹鼠在解剖前应先对整个竹鼠外表进行检查，若是死体，则要观察尸体有无腐败现象，若腐败较严重的则不宜进行解剖检查，即使解剖检查效果也不准确，若无腐败现象则应对可视黏膜、五官、肛门、外形、皮肤等部位进行检查。看口腔是否肿胀或充血或有脓；鼻腔有无分泌物或其他症状；两眼有无分泌物，可视黏膜有无充血、出血，或分泌物的颜色变化等；被毛是否脱落、蓬乱污染、湿；肚子有无肿胀、鼓硬或软或有积液；肛门周围有无粪便或尿液残留；皮肤有无外伤等。

(3) 内脏检查　先将竹鼠仰躺，用手术刀或是刀片按肚皮中间线将竹鼠肚皮划开一点，然后用手轻提划破口，再用手术剪刀将整个肚皮、胸肋骨剪开，若腹腔中有积水，则将积水吸掉或是倒出，然后对胸腔内脏和腹膜进行检查，看颜色、病变及症状等。

首先对肺进行查看，看肺表面颜色有无变化，有无血点、白膜包裹、痰、肿大、肿块或疱疹等，若肺有痰或血点、血膜，则为病毒感染；再查看肝、肾、脾脏，看有无肿大、颜色变化，是否有分布不均的血点、白块、坏死，或肿瘤结节等；胃有无胀肿或胃壁有无肿结块等，若胃肿胀而其他器官无变化，则为消化不良；再检查小肠和直肠

有无胀气、红肿块、结节，将肠剪开看有无溃疡或肠壁增厚等情况；检查睾丸及卵巢发育情况或病变，看是否有出血、肿块、大小及颜色和形态，看有无萎缩、坏死肿胀等。最后查看喉、气管、食道等。检查后将所有的部位症状进行登记整理、分类，以总结患病竹鼠临床诊断的原始资料及以后对病鼠病情的判断。

137. 解剖应注意哪些事项？

很多朋友直接用手术刀划开肚皮，若力度撑不好很容易伤破内脏或是划断大血管，使得整个腑腔充满血液而影响对疾病的判断。最好是用手术刀轻轻划开一点肚皮，然后用剪刀慢慢剪开，避免划断血管或器官（图 7-1）。检查时应根据病鼠患病的症状进行某个部位的重点检查。解剖场地最好在室内或是远离养殖场 50 米远的地方，解剖好后应对四周进行消毒，若是在室内，则应对整室进行彻底

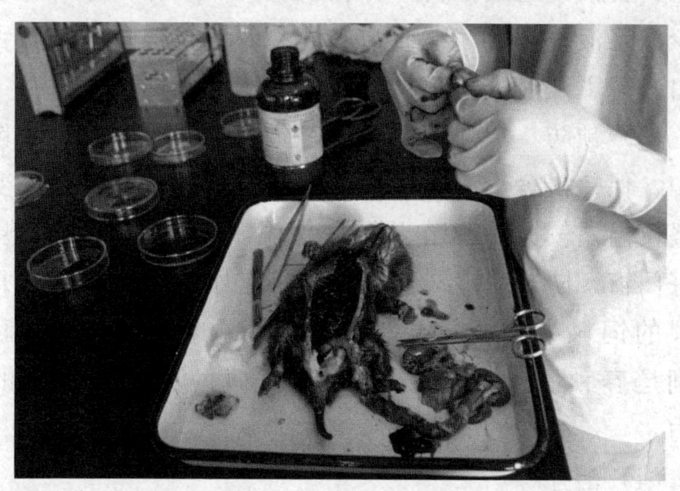

图 7-1 病竹鼠的解剖

的消毒，并挖坑埋死鼠并在表面撒上一些石灰粉深埋，以防污染或传染。

138. 什么因素易引发竹鼠感冒？有什么症状？怎么防治？

（1）病因　由于摄入的营养不均衡，缺乏维生素，抗病力下降。在天气突变、温度忽高忽低、冷风直吹栏舍、遭雨淋或昼夜温差大时，受寒冷刺激，抵抗力也会下降，呼吸道的病原微生物乘机大量繁殖，以及管理不当等一些因素易导致竹鼠患感冒，特别是一些体质差的成年竹鼠及仔鼠更易患此病。此病一年四季均会发生，尤其在春秋两季发生较多。

（2）症状　受寒感冒后的竹鼠，精神不振，蜷伏于池角，处于半睡眠状态，体温升高，怕冷，流眼泪，有眼屎，咳嗽，打喷嚏或流透明鼻涕，鼻塞等。触摸发现鼠尾发凉，食欲减退或拒食，鼻黏膜发炎、红肿。鼻腔初期流出少许浆液性鼻液，继而为黏液性鼻液，呼吸困难，舌苔泛白。若不及时进行药物治疗，则转为肺炎。

（3）预防　加强饲养管理，防止受寒或冷风直吹鼠池（栏），保持鼠舍干净、卫生、干爽，空气流通，天气变化或昼夜温差较大的季节要做好保温工作，适当添加垫草，关好门窗，防止受冷风袭击，特别是刚出生的仔鼠。日常投喂的饲料中添加复合维生素（新金赛维）、EM 菌液，特别是春秋季节，应添加黄芪多糖，以提高竹鼠的免疫力。

（4）治疗

① 2 毫升柴胡或 2 毫升庆大霉素，调 50 毫升水喂或

是拌入精料中投喂，严重的病鼠则进行灌服，或是柴胡注射液 0.5 毫升进行肌内注射。幼鼠口服复方磺胺二甲基嘧啶散，每天 1～3 次。

② 每 50 千克病鼠用板蓝根 10 克拌料喂。

③ 灌服小儿 999 感冒冲剂，并用庆大霉素或是安乃近滴鼻，每天 2～3 次。

④ 用氨苄青霉素 0.5 毫克进行肌内注射，每天 2 次，连用 2～3 天。

⑤ 用青霉素 3 万单位与 0.5 毫升柴胡注射液进行肌内注射。

⑥ 每千克体重用 0.3 毫升利巴韦林进行肌内注射。

139. 什么原因易引发竹鼠患口腔炎？有什么症状？怎么防治？

口腔炎是竹鼠的常见疾病，因症状多处于隐蔽处，平常不注意观察而难以发现，待发觉时多已严重。

（1）病因　机械性刺激及饲养管理因素是口腔炎发生的主要原因。竹鼠由于进食被污染或饲喂过热的饲料而引起口腔炎，或因啃咬硬物，致使口腔黏膜损伤而感染病菌，导致口腔炎。口腔炎一般在春秋季节发生较多。

（2）症状　患口腔炎的竹鼠，精神不振，不能正常采食或食欲减退或拒食，有时会发生腹泻，日渐消瘦。发病初期口角、唇内面、硬腭、舌、齿龈和口腔黏膜充血、红，舌体肿胀，体温升高，并出现黄豆粒大的水泡或小脓疱，脓疱和水泡破烂后形成溃疡面，同时有较多的唾液流出，使得嘴部、颈部和胸部被毛被唾液沾湿，引发嘴周围肌肉糜烂和坏死，脱毛，有红疤痕。竹鼠因吞饮困难，食欲减退或拒食，最终因身体消瘦而死亡。

（3）预防　避免投喂粗硬带刺的青粗料，青粗料要清除杂质，清洗干净，减少口腔感染。发现病鼠要及时隔离饲养治疗，病鼠用具冲洗后放在太阳下曝晒或进行药液消毒。

（4）治疗

① 用高锰酸钾等消毒药水清洗口腔后，再用口腔炎喷雾剂喷，并灌服甲硝唑。

② 用2%的明矾溶液和2%的冰片混合进行口腔清洗，清洗后用碘甘油或龙胆紫药水涂抹，每天1～2次，3天可治愈。

③ 口服维生素B溶液，每天2～3次，成年竹鼠每次2毫升，幼鼠减半。

④ 口服磺胺类药或用利凡诺粉剂涂擦口腔溃疡处，效果较好。

⑤ 青霉素3万单位，链霉素0.3毫克，用灭菌注射用水或氯化钠溶液稀释进行肌内注射，每天2～3次，连用3天为1疗程。

⑥ 用1%盐水清洗口腔后，涂抹磺胺嘧啶钠，每天2次，连续3～4天。

⑦ 中药用五倍子、地稔、红背沙草、黄糖各1份，用酸醋同煎，然后用药棉签蘸液擦洗患处。

140. 什么情况下竹鼠会中暑？有什么症状？如何防治？

（1）病因　竹鼠中暑又称为热衰竭，主要发生在炎热

的夏季。病因有竹鼠在运输过程中暴露在阳光下时间过长，不注意降温，运输中装箱密度大，过度拥挤，通风不良，闷热，养殖场没有通风设备，又不采取降温措施，饲养密度大，饲料中水分不足而又不及时供给饮水等。竹鼠是毛皮动物，对热非常敏感，如降温措施做不到位，各种龄期的竹鼠都会发生此病，特别是鼠池内的垫草过厚、又不通风的情况下幼鼠最容易中暑，怀孕中的母鼠也易受害。

（2）症状　精神沉郁，体温升高，拒食，触摸全身有灼热感，呼吸加快，浅表可视黏膜潮红、发绀，有的鼻腔和口腔排出带血物；全身无力，四肢撑开，行走不稳，病情严重时常卧伏一边，或侧卧不动，全身抽搐，虚脱，瘫软，呼吸心跳加快，突然鸣叫几声，几分钟后呼吸减慢，眼睛无光，眼球突出，很快倒地死亡。

（3）预防　夏季做好防暑降温的工作，长途运输尽量避免在白天，防止竹鼠拥挤，保证适当通风，供给足够的饮水及多汁甘蔗等青粗料。鼠舍要通风凉爽，减小饲养密度，炎热夏季可利用喷水、喷雾或用井水泼湿栏舍或在舍旁放置冰块或采用水帘等进行降温，用绿豆煮水喂鼠。

（4）治疗

① 发现中暑的竹鼠立即将移放到阴凉通风处，在身上覆盖冷水浸湿的毛巾，或用井水喷鼠全身，每隔 5 分钟更换 1 次毛巾或喷 1 次水，直到体温降到常温为止，并灌服 10 毫升 0.9％的盐水＋10％的葡萄糖水。

② 剪掉尾巴尖放血，以减轻脑部和肺部充血，并用十滴水 3 滴兑少量温开水灌服。

③ 滴喂 5 滴藿香正气水，或是灌服 3 粒仁丹，同注射 1 毫升维生素 C，或肌内注射安乃近。

141. 什么因素易造成竹鼠腹膨胀？有什么症状？如何防治？

竹鼠的腹膨胀病又称为消化不良、大肚子病，分为胃胀气和胃积食两种。各阶段的竹鼠都会因消化不好出现腹部膨胀，尤其断奶的幼鼠易发生，而青年鼠及成年鼠则易因胃积食而消化不好，若治疗不及时和不当则会死亡。

（1）病因　主要是因投喂了发霉变质的食物而产生异常发酵；或投喂了霜冻过、被雨水刚淋过、带有露水、清洗过带水的青粗饲料所致。精料配制不合理，投喂的精料过多而难以消化导致胃内积食，饮用污染水，采食水分含量过多的青菜，或突然改变饲料形式、投喂料不定时造成贪食，或因饥饿暴食导致消化不良，也可诱发此病。另外，在春、秋季节天气突变，早晚温差大，栏舍缺垫草使竹鼠受寒或栏舍内过于潮湿，也可诱发此病。

（2）症状

① 胃胀气。又叫肚腹部膨胀，主要是胃内容物滞于胃中发酵膨胀而产生大量气体导致，症状为胃部逐渐膨大，呼吸急促、困难，口唇苍白，精神不振；食欲减退或拒食，用手按肚腹有胀满且柔软感，手敲有鼓音；患病后期病竹鼠粪便变稀或呈水样，呈绿色或黄绿色，腥臭。

② 胃积食。患病鼠精神不振，不再进食饮水，蹲伏于角落不动，睁眼或半闭眼，或磨牙，排出的粪便少，色黑，如豆粒大，或是排不出粪便。用食指和中指触摸胃

部，胃体积如鸡蛋大，轻按压如面团。解剖后腹腔有大量积水、水与食物混合的流食，胃体积增大，胃黏膜脱落，内容物恶臭，肠道充满气体膨胀。

（3）预防　加强饲养管理，合理配制精料，严禁投喂发霉变质的食物及被污染过的水，不喂霜冻过的食物，被雨水淋过、带露水的粗青料需晾干后再进行投喂，控制投喂水分过多的青菜瓜果，少喂红薯及未经浸泡的玉米等豆类，平时饲料中拌入 EM 菌液投喂；定时定量进行投喂，防暴饮暴食，每天打扫鼠舍，保持鼠舍清洁卫生。常观察栏舍粪便的情况，发现异常个体及时隔离，并采取预防、治疗措施。

（4）治疗

① 吃了腐败变质的饲料，用护肠宝纳米蒙脱石拌料喂鼠或是灌服多潘立酮、藿香正气液等。

② 发现病体，立即隔离，用草药穿心莲煮水喂，连喂 2～3 天，每天 1～2 次，或是用雷公根洗净，晾干生喂，或是用萝卜汁、食醋适量内服。

③ 用山楂果、青木香、未熟橘子、石菖蒲各 6 克，六神曲 1 块，加水煎灌服，效果十分好。

④ 用乳酶生、胃蛋白酶各 0.5～2 克，稀盐酸 0.5 毫升加温开水灌服。

⑤ 重症的鼠，可用新斯的明注射液 0.1～0.2 毫升进行肌内注射。

⑥ 用 3～4 滴的藿香正气液加生理盐水口服，或穿心莲煮水口服，或用洗净晾干的雷公根生喂。

⑦ 将烘干的鸡内金研末兑水灌服或拌料喂病鼠。

⑧ 用吗丁啉 20 毫克兑水灌服。

⑨ 确定为胃积食症的，用左手抓病鼠颈部皮肤将其提起，然后用右手在胃位置轻轻触摸，摸到大小如小个鸡蛋大，不固定、会滑动，像面团样的椭圆形物即为胃，然后用四手指向胃中间合拢，连续用手指按压胃，按压时力度要轻，若病鼠挣扎，则为所用的力度过大，致其不舒服，若是不动任人按压则表示用力得当。当胃上形成一条浅沟后多按几次后便形成几条浅沟，便可使胃内的积食团变形，然后给病鼠灌服 4～8 毫升的豆类油。经按压后一般在几小时后开始排便，并逐渐康复，康复后先投喂易消化的饲料。

142. 什么原因致竹鼠便秘？有什么症状？如何防治？

（1）病因　便秘是由于肠的蠕动和分泌机能紊乱，使肠内容物积聚停滞，造成肠管的完全或不完全阻塞，水分供求不够，肠内水分被吸收，粪便干结、变硬，排便少或排便困难，是竹鼠常见的由消化道引起的腹痛性疾病。各阶段的竹鼠均易患此病，尤其断奶小鼠易患此病。

饲养管理不善，精饲料与粗饲料搭配不合理，精料多，青粗饲料少，特别是含水分的青粗饲料少或长期喂干玉米粒等饲料，饮水不足，缺少运动，长途运输，或是饲草中混有过多的毛、泥土等不易消化的异物，都能引发便秘。

（2）症状　病鼠精神不佳，腹部膨胀，少进食，常蹲在一边不动，或蹲立不安，爱作排便姿势，或是弯曲颈部俯视或向腹部、肛门处作嘴叼粪便姿势。患病初期排便

少，然后排便困难，或数日无粪便排出，或肛门有粪堵住，粪干硬或粪便成串珠状或粪便带血，少量喝水，被毛粗乱，无光泽。用手摸直肠部位，可感觉有硬或成串的粒状粪便堵住肛门。

（3）预防　加强饲养管理，合理配制粗青绿饲料、精饲料，搭配均匀，供给充足的洁净饮水，促进肠道的蠕动；投喂要定时定量，防止过量贪食；饲养密度不可过大，保证竹鼠有一定的运动场地；日粮中投入一定比例的食盐和各种维生素及矿物元素。每天投料前清除盆内的剩物及粪便，并清洗干净，定期用消毒液进行消毒。

（4）治疗

① 灌服适量食醋或2～4毫升石蜡或3毫升食油、食盐少许或三黄片等便秘药物。

② 口服10%的鱼石脂溶液1～5毫升，或5%的乳酸2～4毫升。

③ 用注射器吸10～20毫升温热肥皂水，脱去针头，从肛门注入，干球粪会很快排出。

④ 用酚酞0.1克或硫酸镁0.5克进行灌服。

143. 什么因素致竹鼠肠炎？有什么症状？如何防治？

肠炎又称为“腹泻”，一年四季均有发生，大多数养殖场的竹鼠均会患有此病，各阶段的竹鼠均易感染此病，特别是幼鼠、虚弱及老龄的竹鼠最容易感染此病。也是竹鼠养殖中一种较为常见、危害较严重的疾病。腹泻不但严重影响竹鼠的生长发育，而且还可能造成竹鼠死亡。

（1）病因　竹鼠肠炎病因多种多样，有细菌感染（大肠杆菌）、霉菌感染、病毒感染和各种体内寄生虫感染等。吃了冬天霜冻的青粗饲料，不易消化的精饲料，投喂过多的蛋白饲料，水分重的瓜果喂过量及饮水不洁净，突然变换精料，投喂不定时定量，小鼠断奶过早或刚断奶贪食，鼠舍潮湿寒冷，食具脏，温度忽高忽低等均能引起腹泻。

（2）症状　病鼠精神不振，常趴伏于池角，不活动，食欲减退或不进食或是拒食，消瘦，腹部紧缩，肛门周围粘有粪便；病鼠排稀粪，粪便多而稀或呈水样，青绿、腥臭并带胶冻样黏液及脓样物，或带红色血丝。结膜发红或发绀，呼吸急促，若不及时治疗，常造成竹鼠死亡。

（3）预防

① 加强饲养管理，注意通风，保持栏舍干燥，加强卫生消毒工作。

② 合理配制精料，投喂适宜比例的精、青粗料，每日每只鼠的精料在 20 克左右。若每日投喂的精料多过青粗饲料，肠内发酵容易造成菌群失调，病菌增殖而产生毒素从而引发腹泻。因此，在喂精料的同时，投喂适量的青粗饲料，保持竹鼠肠道内正常的微生物菌群，才能保证肠道营养的正常吸收，降低肠道疾病的发生，减少腹泻。

③ 不喂变质霉烂的饲料，饮水要清洁无污染，最好是用烧开的凉开水喂竹鼠，用具每天清洗一遍，定期在饲料中拌入一些抗菌剂（如磺胺脒、护肠宝蒙脱石、杆菌肽锌、抗寄生虫等药物），长期在精饲料中加入 EM 菌液、维生素等进行投喂，可有效防治和控制竹鼠腹泻。

④ 定时定量投喂食物，不可随便改变饲料的品种、

投喂方式。

（4）治疗

① 用护肠宝抗腹泻纳米蒙脱石1克拌入5千克的精料中饲喂，或头孢止痢拌入饲料中投喂，或灌服。

② 发现病鼠立即隔离，用0.1～0.2克磺胺嘧啶灌服或注射液0.2～0.5毫升，对病鼠进行肌注或链霉素5万单位进行肌注，每天2次。

③ 口服或肌注庆大霉素，口服时5万单位加水2毫升滴喂；注射用0.2～0.5毫升，每天2次。

④ 用穿心莲、黄连注射液0.3～0.5毫升进行肌注或灌服。

⑤ 用痢疾速治散每10千克精料中添加1克，每天2次，预防量减半。

⑥ 用丁氨卡那霉素0.1克或鞣酸蛋白0.25克、磺胺脒0.5克，进行灌喂或是拌料喂。

⑦ 严重腹泻用地塞米松＋阿莫西林＋阿托品肌注，再用补液盐＋硫酸新霉素粉伴水灌服。

⑧ 腹泻止住后用酵母片1片或0.2克食盐，龙胆粉、碳酸氢钠各0.3克进行灌服，以调整胃肠功能。

⑨ 若粪便成糊状，停食1天让肠胃休息即可。

⑩ 若粪便呈黑色水状，并恶臭，停食，灌服泻立停，再用补液盐兑水让其自由饮用，每天1次，连续3～4天。

⑪ 粪便呈灰白色或者浅黄色稀便，并带有恶臭，用新霉素伴水让其自由饮用，再用地塞米松0.5毫克进行肌内注射，每天1次，连续2～4天。

⑫ 粪便呈白色果冻状稀便，灌服或肌内注射盐酸土

霉素 0.1 毫克，每天 1 次，连续 3～4 天。

144. 竹鼠为什么会饲料中毒？有什么症状？如何防治？

（1）病因　竹鼠进食了因储存不当而发生霉变的饲料（如发霉的玉米、米糠、豆粕、馊饭、堆砌存放致发黄的竹子和坏了的甘蔗、牧草秆等），由于霉菌繁殖使得饲料发霉而产生大量的黄曲霉、烟曲霉等毒素，竹鼠采食后，毒素被吸收而引起的急性或是慢性中毒。

（2）症状　中毒的竹鼠（图 7-2）初期精神不佳，进食少或不进食，口唇、皮肤变暗，可视黏膜微黄，被毛暗淡，流口水，嘴边毛发湿，多蜷缩在角落昏睡，不愿活动。粪便带有血液或是水膜样的黏液，腥臭，严重时后肢软瘫，不能正常行走。解剖可见肝脏和肾脏损伤，肺肿大，表面呈米粒状，肠充血或出血。

（3）预防　当日未采食完的精料要及时清理打扫，防竹鼠吃变质食物。加强饲料的存放及管理，防止过长时间堆放和存放食物，定期查看和放到太阳下暴晒精料原料，发霉变质的玉米或玉米饭、米糠、豆粕等不要投喂。若存放过久的饲料肉眼看上没什么变化也没什么异味，最好用蒙脱石散拌料一起投喂。保持鼠舍通风、干燥、卫生。

（4）治疗

① 停喂有毒饲料。初期可煮绿豆水、维生素 C、稀糖水或捣碎的大蒜、金银花等中草药进行拌喂或灌服。

② 用硫酸阿托品 0.3～0.5 毫升或用盐酸氯丙嗪进行肌内注射。

图 7-2 中毒的竹鼠

③ 用清霉宝或蒙脱石兑水或拌料喂病鼠。

145. 竹鼠牙齿为什么会断？有什么症状？怎么防治？

（1）病因 食物单一，营养不良，缺乏维生素 A、维生素 D，打架，啃咬硬物，修剪不当，竹鼠长期生活在黑暗的地方且投喂淀粉含量高的食物，残食粘在牙根处致细菌性感染等均会致竹鼠断牙。

（2）症状 牙齿断掉，或者脱落。牙齿松动，有裂缝，齿龈发红。竹鼠想吃又不能吃东西，导致死亡（图 7-3）。

（3）预防 平时注意食物不要单一，青料要足够，精料要均衡。少投喂玉米饭，多投米糠，并投些经火烤过的猪骨头。

（4）治疗

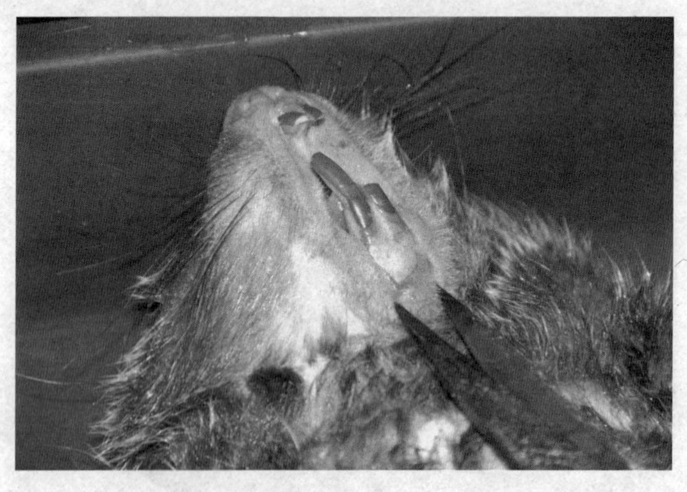

图 7-3　牙根部有脓汁的断牙的竹鼠

① 牙根已化脓的，双氧水消毒后用棉签将脓液挤出，再用碘伏进行消毒后撒上云南白药或磺胺结晶等消炎药进行消炎。灌服甲硝唑 20 毫克，每天 1 次，连续 3～4 天。

② 牙根红肿无脓液的，用红霉素或大蒜汁涂抹红肿处，并灌服甲硝唑 20 毫克，每天 1 次，连续 3～4 天。

③ 由于投喂单一且含淀粉高的食物所致的断牙，用茶叶或是小苏打清洗后，再用含氟牙膏或大蒜汁涂抹表面，每天灌服止痛片 1 次，连续 3～4 天，且少投喂玉米、红薯等淀粉含量高的食物，多投米糠等。

④ 在饲料中添加维生素 A、维生素 D、鱼肝油，连用 2 周，严重者可用 1 个月，并适当增加一些光照，但是又不能让太阳直射。

断牙后不能进食的竹鼠，应人工进行灌喂牛奶或 10% 葡萄糖，或在精料里增加竹粉等粗纤维饲料，以维持竹鼠每天所需的营养，并辅助竹鼠牙齿的生长。对于牙断而牙

根已黑的竹鼠，应淘汰。

146. 什么原因易致竹鼠患肺炎？有什么防治方法？

竹鼠的肺炎可由多种病原菌引起，如肺炎链球菌、支气管败血性波氏菌、肺炎克雷伯氏菌等，其中以支气管败血性波氏菌危害最大。肺炎链球菌为革兰氏阳性球菌，竹鼠感染后病菌可存在于上呼吸道，当有运输等应激因素而致机体抵抗力下降时引起发病。

克雷伯氏菌、支气管败血性波氏菌为革兰氏阴性杆菌。可通过直接接触或接触污染物品及呼吸飞沫而被传染。

（1）病因　由于鼠舍潮湿、通风不畅、卫生差、保温不及时引发感冒，使竹鼠机体抵抗力下降，从而引起链球菌大量繁殖而致发病。而感染肺炎链球菌病，导致肺脏严重损害而死亡。

（2）临床症状　竹鼠食欲差或拒食，可视黏膜苍白，咳嗽，呼吸有罗音，流鼻涕，被毛粗乱，消瘦。解剖肺弥漫性出血、水肿、实变，附有纤维素性渗出物，腹水增多混浊，肝、脾肿大。

（3）预防　鼠舍常打扫，保持清洁、通风，注意天气突然变化，避免感冒，投喂营养全面均衡的饲料，注意饲料的卫生。

（4）治疗

① 使用人用的类口服抗生素拌料饲喂或灌服，用量要根据体重来计算，一般一只 500 克体重的竹鼠每次 1 毫升，每天 1 次，配合相应的化痰、平喘药治疗，如祛痰止

咳冲剂（每次 1 克，每天 2 次），一般 10 天左右即可治愈。

② 用 20%硫胺嘧啶 1 毫升进行肌注，早晚各 1 次。

③ 用头孢哌酮/舒巴坦 80 毫克/千克，利巴韦林 20 毫克/千克进行肌注，每天 1 次，连续 3～5 次。

遇到有病竹鼠，要马上隔离，以防相互感染，能治疗就治疗，不能治疗就淘汰。对同池竹鼠要进行上述药物治疗几天。

147. 什么原因致母鼠产后少乳或无乳？如何解决？

（1）病因　母鼠在怀孕期间营养不良，疾病及乳腺生长发育不良，分泌紊乱；或喂含蛋白质过高的饲料使母鼠分娩后乳汁过稠，堵塞乳腺泡而导致缺乳，多发生于初产的母鼠；或母鼠年龄偏大，乳腺萎缩引起少乳或缺乳汁；或母鼠患乳房疾病、寄生虫病、生殖系统疾病、便秘、应激反应以及其他慢性消耗性疾病，均可引起少乳和缺乳。

（2）症状　母鼠少乳和缺乳主要发生在产后 2～5 天，以夏季最为明显，仔鼠吃不饱，或吃带有病菌的乳汁，仔鼠因消瘦、发育不良、营养衰竭而死亡，或者拉稀。

（3）治疗

① 缺营养性少乳汁。在精料中添加牛奶和葡萄糖混合液。

② 缺水性少乳汁。补充多汁饲料和清洁饮水，每天水的补充量在 20 毫升左右。

③ 内分泌失调少乳汁。缓解应激，并使用垂体后叶

激素注射。

④ 乳房疾病性少乳汁。配种后50天，用复方新诺明10毫克拌料饲喂，以预防乳房炎。哺乳期开始时，保证供给足够且新鲜的青料。

（4）催奶药物

① 灌服人用催乳灵0.5片，每天1次，连用3天。

② 对患病母鼠进行肌内注射催产素注射液0.3～0.5毫升，每天1次，连用3天。

③ 用苯甲酸雌二醇0.2～0.5毫升进行肌注射，每天1次，连用2～3天。

④ 用黄芪催奶针注射，每天1次，连续3次，再用奶多多煮水喂或是直接拌料投喂。

⑤ 用中草药路路通、土党参、王不流行各20克，粉碎拌料。每天每只母鼠1克，连续3天。

148. 母鼠为什么会患乳房炎？如何防治？

（1）病因　竹鼠舍环境卫生较差，在潮湿、肮脏、有腐臭的栏舍内易发生此病；或母鼠乳汁无法满足仔鼠的正常吸取而被仔鼠咬伤感染细菌；或是母鼠因感染病原菌（如金黄色葡萄球菌、链球菌、铜绿假单胞脓等）引起。

（2）症状　乳房炎是哺乳母鼠常见病，发病时乳房肿大、潮红、发热，乳根周围有硬块，有的有溃疡性脓肿，腹腔黏膜发红。

（3）治疗

① 患病初期用2%的硼酸水洗患处，或用5%硫酸镁

溶液擦洗，或3%过氧化氢溶液擦洗患处，或用鱼石脂每天擦1～2次。

② 对于脓肿，先排脓再用双氧水清洗，然后涂青霉素或链霉素或金霉素软膏。

③ 口服青霉素或磺胺类、沙星类药物，并进行肌内注射青霉素1万～3万单位和0.5%普鲁卡因0.5毫升，每天2次，连用2～3天。

149. 母鼠为什么会弃仔、咬仔、吃仔？怎么处理？

（1）病因　无安全感，营养不良，产前产后缺水，突然大的声音，刺激性气味或改变饲料，疾病（乳腺、产后失血、螨虫等），生产过程中疼痛难忍，产前1天或产后半天才换池或不换池，奶水不足等因素均会造成母鼠产后或产中咬仔、吃仔和弃仔。

（2）症状　生产过程中吃掉产出的第一只仔鼠，突然咬仔，仔鼠在吃奶过程中母鼠突然咬仔，弃仔，或生产完后弃仔。

（3）防治

① 缺水吃仔。产前产后投喂的多汁饲料不断，让其自由采食，产后饮水里加2～3克红糖。

② 应激咬仔。产前提前转入繁殖池，保持鼠场安静，避免家猫等窜入繁殖区，拒绝外人进入参观，产后不立即搞卫生，不捉拿仔鼠和母鼠。

③ 产痛咬仔。产前半月减少能量饲料的投喂量，肌内注射8毫克安乃近或口服15毫克布洛芬。

④ 疾病咬仔。产前治好螨虫病、乳腺炎等疾病，失

血时肌内注射止血针，喂食牛奶、红糖水。

⑤ 护仔叼仔误伤。产前修剪母鼠牙齿，被咬致有外伤的仔鼠消毒后撒上云南白药，待过 2 小时后用母鼠尿液涂抹于仔鼠，再放回母鼠旁。

⑥ 弃仔。将遭抛弃的仔鼠放入生产时间相近的母鼠代养，放入前将代养母鼠的尿液涂抹于仔鼠身上，后再放入代养母鼠窝代养，待原母鼠身体和情绪恢复后再放回喂养。

150. 母鼠为什么会流产？怎么防治？

（1）病因　长途运输时颠簸过多，受惊吓，冷风侵袭，酷暑高温，营养不良，捉拿倒提，吃了发霉或是未晾干的青粗料，或服用驱虫药、泻药等，均易造成母鼠流产。

（2）症状　多数在怀孕 1 个多月流产，流产时母鼠阴道流出血污，有脓性液体，具腐臭味。少数在临产前几天受较大惊吓，刺激生产，成活率低。

（3）预防　鼠舍做好防天敌的工作，以防天敌窜入使得孕鼠受惊吓；做好保暖工作，鼠舍要干净、干爽，避免冷风袭击，通风透气。投喂的饲料要营养丰富，日常投喂的饲料中应添加各种维生素及微量元素，和提高抗病能力的能量饲料等。

（4）治疗

① 怀孕母鼠最好不要长途运输，若发现流产先兆，可肌注 5～10 毫克黄体酮进行保胎，隔天 1 次，连用 3～4 次，同时肌注维生素 E。

② 若孕期未够的胎鼠流出，应立即注 0.1～0.3 毫升脑垂体后叶素，以促使胎鼠全部排出，防止胎鼠滞留体内而引起母鼠败血症。

③ 对已流产的母鼠用消毒溶液冲洗阴道，同时服用磺胺类及抗生素类药物。

151. 交配后竹鼠为什么不孕？怎么防治？

（1）病因　先天性不育，生殖器官畸形，母鼠阴道口狭窄；公鼠睾丸隐入腹腔或精子浓度达不到，成活率低；饲料单一、投喂量不足，营养不全面，品质差，缺少矿物质、维生素、微量元素使生殖系统机能减弱或受到破坏；母鼠患有子宫炎，阴道炎或是老龄的竹鼠生殖机能减退；公母鼠过于肥胖影响雄雌激素的分泌；温度高于 30℃，或是温度低于 5℃，均会直接导致母鼠不孕。

（2）症状　母鼠在性成熟后或产后一段时间内不发情，或者发情不正常，或者发情屡配不上，倒提公鼠睾丸不显露，遇发情母鼠不爬背等均可诊断为不孕症。

（3）预防　避免近亲繁殖，对先天性不孕、过于肥胖、年龄大、屡配不上以及患有生殖器官疾病的母鼠作商品鼠处理。饲料的配合要营养丰富且均衡，母鼠精料的蛋白质含量低于 15%，在发情期采用 1 公 1 母或是 1 公 2 母或是 2 公 1 母进行复式交配。

（4）治疗

① 对不孕且生殖系统正常的母鼠在饲料中拌以维生素 E、亚硝酸钠片及微量元素硒，以促进生殖系统的发育，调节内分泌。

② 对不发情的母鼠用催情药物拌料饲喂，也可以用0.2～0.5毫克的促卵素进行肌注，每天1次，连用3天。

③ 用0.3～0.6毫升前列腺素进行肌内注射。

152. 什么原因致竹鼠患寄生虫病？如何防治？

（1）病因　由于环境不卫生引发寄生虫（螨虫、疥螨、痒螨、足螨、球虫或绦虫）繁殖，并寄生于竹鼠体内体外而引起的一种寄生虫病，传播迅速。投喂带虫卵食物，初春、秋末及冬季为疥螨多发季节，阴雨潮湿，空气不流通，气温下降或南风天，鼠舍阴暗潮湿条件下均易引发寄生虫病。

（2）症状　疥癣主要发生在竹鼠的皮肤上，感染的竹鼠一般在头部、眼睛周围和背部深度感染。初感染时，患部皮肤充血，稍肿胀，病变部发痒、脱毛，鼠爱用两前爪用力搔挠而抓破表皮，从伤口分泌出黄色的渗出物，形成硬痂。患体内寄生虫病的竹鼠消瘦，不长肉。

（3）预防　加强营养均衡，日常饲料中添加微量元素及复合维生素、EM有益菌等。鼠舍保持通风、透光，定期消毒。对刚引入的竹鼠严格检查，隔离观察，无病兆后再放入饲养群。定期检查鼠群，发现病鼠及时隔离，对饲养过的病鼠池、笼、舍进行全面消毒。

（4）治疗

① 患病初期可用药棉蘸陈醋、伊维菌素进行局部涂擦，每天2～3次；同时在投喂的饲料中用伊维菌素连续2～3天拌料投喂。

② 采用0.2毫升伊维菌素对病鼠进行皮下注射，仔

鼠可用伊维菌素喷剂进行喷杀；或直接对脱毛地方用20%的杀虫菊酯0.1%喷杀，若全身均有寄生虫，不可进行全身喷扫药物，否则鼠易出现死亡。

③ 用2% 敌百虫溶液搽洗病鼠患部，尽可能除去患部污垢和痂皮，7～10 天为 1 个疗程。

④ 体内寄生虫采用左旋咪唑或是阿苯达唑粉，每千克体重按 5 毫克兑水进行灌服或伴料喂。

153. 竹鼠常见病怎么处理？

（1）产后大出血　使用酚磺乙胺（止血敏）注射液进行肌内注射，对大出血的母鼠进行止血。

（2）外伤　由竹鼠打架引发的外伤，轻的用碘酒、紫药水或过氧化氢消毒，每天 1～2 次；若是开始腐烂并有脓的严重外伤，先将脓挤出，再用过氧化氢消毒，再放云南白药，打消炎针即可。

（3）公鼠生殖器外露　公鼠生殖器外露，长时间不能缩回去，此时要对其进行按摩，慢慢把它给揉回去。若是外露的生殖器外面粘了一些毛或其他脏东西，导致生殖器更加缩不回去了，用生理盐水擦洗干净，再用碘伏消毒，然后用 50%的酒精轻擦刺激其缩回去。

（4）高温季节热应激　在精饲料中拌黄芪多糖或在饮水里添加维 C 投喂，可增强机体抗应激力。

（5）出生仔鼠体温冷，死亡　因气温低，母鼠营养不够，出生的仔鼠应立即进行保温，母鼠产前要投喂足够且营养全面的饲料。

（6）脚跟脚背红肿开裂　金黄色葡萄球菌感染所致，

传播快，有的化脓后死亡，有的未化脓即死亡。出现病情后用消毒药水进行消毒，并注射环丙沙星。全场进行全面彻底的消毒，同池进行消毒后并拌料喂服环丙沙星1～2次，以控制病情发展。

第八章 竹鼠的捕捉、运输和加工利用

154. 怎样捕捉竹鼠？

竹鼠外表看似温驯，其实非常凶悍，门牙锋利，咬人相当厉害。笔者曾被一个重达3.5千克的竹鼠咬穿食指，非常疼痛，伤口很大，2小时血流才止住。因此捕捉时一定要小心谨慎，做好防护。捕捉工具有钩子、叉子、普通火钳、特制火钳等。特制火钳长80厘米，一般每边的端部做成1个成人的拳头大，火钳合拢起来就有2个拳头大。可以做多种规格的特制火钳，以适应不同大小的竹鼠。特制火钳夹竹鼠的部位在竹鼠前肢后面腋窝的地方，这样既夹得稳，竹鼠又不会受伤。

徒手捕捉时，应戴厚的帆布或皮手套。用右手掌按住竹鼠的背部，并用拇指握住，注意不压迫竹鼠右肩、胸部及胃部，轻轻地将其拿起来，然后再用左手托住竹鼠的整个身体，特别是捕捉怀孕母竹鼠尤其要严格按上述要求操作，并要待怀孕竹鼠安静后，用左手托住其胸部，用右手托住其腹部，把怀孕母鼠轻轻地托起，以防因捕捉受惊引起流产。

155. 如何运输竹鼠？应注意哪些环节？

竹鼠活体的运输是一个比较重要的环节。在作为种源

的交流、引进、商品竹鼠的异地销售等所进行的短途或长途运输过程中，若忽视了运输工具、天气等各方面的环节及细节，将直接影响竹鼠的健康和成活率。因此，应做好以下几项工作，减少竹鼠途中掉膘、生病或死亡。

（1）竹鼠运输前要做好健康检查，不可将临产或带病的竹鼠进行长途运输，以免造成途中死亡、流产或传播疾病而造成损失。

（2）要选用结实、通风透气、轻巧方便的笼或箱进行运输，一般采用大小规格一致的四面通风有盖的铁网制成的笼箱，其规格为长 80 厘米、宽 60 厘米、高 20 厘米，分成 10 格（每格放 1 个竹鼠）。这种规格的笼，竹鼠既能活动，又能在笼内吃食，通风又好，不会发生意外。

（3）按竹鼠的公母分类装笼，装笼前应消毒，并检查竹鼠笼内有无外露锋利的铁丝等硬物，以免划伤竹鼠体。装笼时，每笼 10 只，同一笼内，大小体型要求一致。笼底要垫好硬纸板，以防屎尿相互污染，影响质量或引发疾病。若是长途运输，运输前应在笼箱里适当放些青料（最好是一节 8 厘米长的青竹子），以防竹鼠途中受饿。

（4）装车要科学，密度不宜过大，笼之间要有一定的空隙，以利于投放饲料或观察管理。

（5）运输时间最好选择春、秋或初冬季节，因夏季高温，易引发竹鼠的应激反应，最好不要进行长途运输，若一定要运输必须应选择早上或是夜晚气温稍凉些时进行，且要注意通风透气。冬天运输则要加强防寒保暖措施，以防竹鼠感冒。长途中途休息期间要经常检查竹鼠食欲、精神等情况，发现问题及时处理。

（6）为保证竹鼠在长途运输途中安全，应备有一些常用的药物，如消炎、防暑、外伤等药，以便急用。到目的地时，车应开到树荫下、凉爽或温暖的地方，休息片刻后，才能把竹鼠慢慢拿下来散开，放下后，不能立即喂水，待精神恢复稳定后，再投喂水和饲料，青料从少到多，逐渐增加，使竹鼠逐渐适应新的环境。

156. 怎样宰杀竹鼠？

（1）宰杀前的准备　一般应在宰杀竹鼠前 8 小时停止喂食，宰前 3～4 小时停止饮水，以提高宰杀竹鼠的品质。

（2）宰杀放血　宰杀时要求切割部位准确，放血干净；刀口整齐，保证外观完整。

（3）浸烫煺毛　浸烫竹鼠的水要严格掌握好水温和浸烫时间，若水温过高，则易将竹鼠烫掉皮，若水温不够，竹鼠毛则不易煺掉。一般浸烫竹鼠的水温宜在 85℃左右，浸烫时要不停地翻动，浸烫时间一般在 20～30 秒钟，以毛能顺利煺掉为宜。水温及浸烫时间要根据竹鼠的年龄以及宰杀的季节灵活掌握。对于宰杀时放血不完全或宰杀后未完全停止呼吸的竹鼠，不能急于浸烫煺毛。

浸烫好的竹鼠要及时煺毛，可用手工操作煺毛，量大的可采用机器煺毛。也可以采取剥皮的方法去毛。剥皮去毛不用浸烫竹鼠。

（4）净膛　根据不同的加工需要和加工方法，竹鼠净膛加工可分为全净膛和半净膛两种。全净膛即从宰杀的竹鼠胸骨处到肛门切开腹壁，将竹鼠体内脏器官全部取出。在取出内脏时应注意不得将器官拉破，尽量保持各器官的

完整。半净膛即仅从宰杀的竹鼠肛门下切口处取出全部内脏。

157. 怎样加工竹鼠肉？

（1）腊制竹鼠肉干的制作　把剖好的干净的竹鼠肉挂在火灶口上，用烟熏制；也可用粗糠或锯末单独熏制而成，经过半月左右，就熏成腊竹鼠干。竹鼠干切成片后，用辣椒、大葱、胡椒、素油、豆豉同炒，便成了半干透明的暗红肉片，其香辣、酥脆、细嫩，骨头都可嚼咽、越嚼越有味。

（2）竹鼠肉干制作

① 将去皮、杂物的竹鼠放冷水中浸泡1小时，将肌体内的余血浸出，晾干。

② 初煮，将肉块放入锅中用清水煮20分钟左右，当水烧开后，撇开肉汤上面的浮沫，将竹鼠肉捞出切成一定形状。

③ 配料。介绍以下两种配方任选一种（也可按肉的多少增减）。

a. 竹鼠肉50千克，食盐1.5千克，酱油3千克，白糖4千克，黄酒0.5千克，生姜、葱、五香粉各125克。

b. 竹鼠肉50千克，食盐1.5千克，酱油3千克，五香粉100～200克。

（3）复煮　取原汤一部分，加入配料，用大火煮开，待汤有香味时改小火，并将切好的肉料放入锅内，用锅铲不停地翻动，汤汁快干时将竹鼠肉取出沥干。

（4）烘烤　将沥干的竹鼠块干铺在铁丝网上。以50～

55℃的温度烘烤，不断翻动肉料，以免烧焦，约经 7 小时，即可供干制，烘烤前在肉片中加咖喱粉或辣椒粉、五香粉等辅助料等，便形成不同风味的肉干制品。烤干后，肉干成品包装放在干燥通风的地方可保持 2～3 个月，装在玻璃瓶中，可保持 3～5 个月。竹鼠肉干是野外作业、出差旅游等便于携带的食脯。

158. 如何加工制作竹鼠肉罐头?

竹鼠宰杀，去内脏、头、脚后冲洗干净，将竹鼠肉块浸泡进行消毒，以除掉竹鼠肉内脏的余血，然后稍微晾干后放进锅里煮半熟，接着取出装罐并加入调料汤，经排气、封口后放入高压锅内，以两个大气蒸煮 2～3 个小时即成，贴上标签。

调料汤的配制方法：按每 100 千克总重量，放入煮熟白萝卜、青葱各 200 克，茴香 50 克，生姜 200 克，红酱油 0.5 千克，青生油 0.5 千克，大蒜 0.67 千克，盐 2 千克，砂糖 9.3 千克，味精 0.56 千克，黄酒 0.5 千克，洋葱 0.84 千克，竹鼠肉汤 66 千克。

制作竹鼠罐头，要根据各人需要的口味习惯和爱好配不同的调料汤和调味液。

159. 怎样清炖竹鼠?

① 竹鼠 500 克，沙参、红枣、枸杞子各 3 克，生姜 5 片，酒适量，山茶油一汤匙，用砂锅炖 2 小时即可。

② 竹鼠 500 克，蛇肉 3 两，加入沙参、西洋参、红枣、生姜，酒适量，用砂锅清炖 3 小时即可。

③ 竹鼠 500 克，麻雀 200 克，乌龟 400 克，加入红枣、桂圆、黄芪、党参、西洋参、虫草、香菇、姜、酒适量，用砂锅清炖 3 小时即可。

④ 用竹鼠血 50 克，拌入精米 3 两，晒干后放入姜、酒同煮粥食。

附：

蚯蚓养殖技术

一、蚯蚓的价值

蚯蚓含有丰富的蛋白质，蛋白质含量占干体重可以高达 70% 左右。蚯蚓蛋白质中含有不少氨基酸，这些氨基酸是畜、禽和鱼类生长发育所必需的，其中含量最高的是亮氨酸，其次是精氨酸和赖氨酸等。与味道有关的谷氨酸含量也很高。用蚯蚓喂养的鱼、猪、鸡、鸭，生长快，味道鲜美，主要原因在于蚯蚓蛋白质含量丰富，而且容易被畜、禽和鱼类消化和吸收。特别是喂养幼小的畜、禽和鱼，效果特别好，除了生长快，色泽光洁，发育健壮，不生病或少生病外，死亡率也有所降低。若在饲料中添加蚯蚓粉饲喂各种动物，可以提高猪、鸡、鸭的生长速度；特别对竹鼠、蛤蚧、龟鳖、黄蜂鱼、黄鳝、对虾、河蟹、鳗鱼、青蛙等名优特种经济动物，增长效果和提高风味的作用明显。蚓粪中的磷、钾、钙以及有机物的含量高，其肥力比畜粪要好，蚓粪不仅可以提高土壤的肥力，使栽培的植物生长、发育良好，而且还可增强植物抗病害的能力。蚯蚓在中药里叫作“地龙”，是一味传统的药物，主治高热狂躁、风热头痛、高血压、哮喘，目赤、咽喉肿痛、小便不通、水肿，风湿关节炎、半身不遂等病症。

二、蚯蚓的食物

（一）蚯蚓的食物种类

蚯蚓为腐食性动物，在自然界，蚯蚓能利用各种各样

的有机物作食物，即使在不利条件下，也可以从土壤中吸取足够的营养。食物的种类和总量不仅影响蚯蚓种群的大小，也影响蚯蚓的生存、生长速度和产卵力。蚯蚓的食物主要是无毒、酸碱度适宜、盐度不高并且经微生物分解发酵后的有机物，如禽、畜粪便等，食品酿造、木材加工、造纸等轻工业的有机废弃物，各种枯枝落叶，厨房的废弃物以及活性泥土等也均是蚯蚓的上好食物。但对苦味、生物碱和含芳香族化合物成分的食物，则很难食用或者根本不食取。不同种类的蚯蚓对各种食物的适口性和选食性有所差异。在自然条件下，蚯蚓特别喜食富含钙质的枯枝落叶等有机物。如赤子爱胜蚓喜食经发酵后的畜粪、堆肥，含蛋白质、糖丰富的饲料，尤喜食腐烂的瓜果、香蕉皮等酸甜食料，蚯蚓对甜、腥味的食物特别敏感，所以养殖时可适当加进烂水果或鱼内脏等物，更能增进蚯蚓的食欲和食量。蚯蚓一天的摄食量与自己的体重大致相等，其中一半作为蚓粪排出。养殖蚯蚓的饲料种类很多，主要有以下几类。

① 畜禽粪便。如牛粪、猪粪、马粪、鸡粪等。

② 植物。如稻草、玉米秸、麦秸、树叶、木屑等。

③ 家庭垃圾。如烂瓜果、烂蔬菜、剩余饭菜、各种畜禽鱼内脏等。

④ 农副产品废弃物。如酒糟、果渣、糖渣、食用菌栽培料渣、废纸浆液等。

注意事项：养殖蚯蚓的原料一般要进行堆沤发酵处理，以便蚯蚓取食。

（二）配制发酵基料

发酵原料：粪料主要是牛粪、马粪、猪粪、羊粪、鸡粪、人粪、污染及腐烂的水果、蔬菜等，草料主要是植物秸秆、茎叶、杂草、垃圾等，其中以牛粪和稻草效果最佳，猪粪次之，鸡粪比例一般不要超过20%。基料的配方可根据养殖不同种类的蚯蚓以及原料的不同具体选择不同配方。

配方一：粪料60%，作物秸秆或青草40%。

配方二：粪料70%，作物秸秆或青草20%，麦麸10%。

配方三：牛粪60%，稻草或青草40%。

配方四：猪粪70%，稻草或麦草30%。

配方五：牛粪、马粪50%，玉米秸49%，尿素1%。

配方六：粪料40%，作物秸秆或青草57%；石膏粉2%，过磷酸钙1%。

配方七：人粪尿70%，作物秸秆或青草30%。

配方八：牛粪或猪粪70%，渣肥或青草20%，鸡粪10%。

配方九：食用菌生产废料50%，中型畜禽料20%，有机质污泥30%。

配方十：甘蔗渣40%，瓜果皮30%，粒状珍珠岩10%，纸屑20%。

配方十一：杂木锯木40%，兔粪50%，谷壳10%，外加适量淵水。

配方十二：鸡粪20%，木屑30%，稻谷壳35%，草木灰15%。

配方十三：牛粪、猪粪50%，鸡粪10%，稻草40%。

不同种类的蚯蚓，其食量也有很大的差异。例如背暗

异唇蚓成蚓平均每条每年摄食（干重）为 20～24 克，长异唇蚓成蚓为 35～40 克，红正蚓成蚓为 16～20 克。据报道 100 毫克体重的蚯蚓，每天要吃 80 毫克的食物。通常性成熟的红正蚓，每天的摄食量为自身体重的 10%～20%。性成熟的赤子爱胜蚓，每天的摄食量为自身体重的 29%；1 亿条性成熟的赤子爱胜蚓，每日的进食量 40 吨左右，而排出的粪便为 10～20 吨。当然，蚯蚓的进食量与其生长发育阶段、饲料的种类以及所处的环境条件有着密切的关系。若是饲养本地野生环毛蚓，则宜加 10%～18% 的肥沃土壤，因其中富含有机质。养殖蚯蚓时，必须合理配制饲料和科学地投喂，才能达到最佳的效果和较高的经济效益。

（三）发酵

（1）预湿　将草料浸泡吸足水分，预堆 10～20 小时，干畜禽粪同时淋水调湿、预堆。可添加 0.5%的高效微生物制剂（EM），促进发酵。

（2）建堆　先在地面上按 2 米宽铺一层 20～30 厘米厚的湿草料，接着铺一层厚约 3～6 厘米的湿畜禽粪；然后再铺厚约 6～9 厘米的草料、3～6 厘米的湿畜禽粪。这样一层粪料、一层草料，草料、粪料交替铺放，直到铺完为止。堆料时，边堆料边分层浇水，下层少浇，上层多浇，直到堆底渗出水为止。料堆应松散，不要压实，料堆高度宜在 1 米左右。料堆成梯形、龟背形或圆锥形，最后堆外面用塘泥封好或用塑料薄膜覆盖，以保温保湿。

（3）翻堆　堆制后第二天堆温开始上升，4～5 天后堆内温度可达 60～75℃。待温度开始下降时，要翻堆进行第二次发酵。翻堆时要求把底部的料翻到上部，边缘的料翻到中间，中间的饲料翻到边缘，同时充分拌松、拌和，适量淋水，使其干湿均匀。翻堆后周围有少量的水流出，用手捏饲料，以指间能挤出2～4滴水为好。第一次翻堆1周后，再做第二次翻堆，此时的粪草养分已部分被分解，要妥善覆盖，以免造成养分流失。以后隔4～6天各翻堆1次，如果料堆水分过多，则应选择晴天翻堆为宜，尽量摊晾粪草，以减少水分。共翻堆3～4次。在进行最后1次翻堆时，不能浇水，把粪草抖松、拌均匀即可。

使用前，先用少量蚯蚓试验饲养，经1～2昼夜后，如果有大量蚯蚓自由进入栖息、取食、无任何异常反应，即可大量正式投喂。否则，说明原料腐熟不完全，要继续发酵后才能使用。饲喂厚度一般为18～20厘米，冬季可厚到40～50厘米。

三、蚯蚓的引种

引种主要指从外地养殖场或蚯蚓种场直接购进。人工养殖蚯蚓的蚓种，通常有两个来源，一是从人工养殖的蚓种中选种引入；二是从野外采集蚓种进行人工培育、繁殖。前者往往有现成的养殖经验或有关资料可供借鉴，因而养殖较容易也会获得圆满的结果。不管从什么来源引种，首先要考虑符合饲养目的地的环境条件，另外须考虑能提供经济价值高、富含蛋白质或者特殊药用成分、生物化学物质的蚓体及蚓粪；且生长快，繁殖力强，年增殖率达400倍以上；具有定居性，不易逃逸，适合高密度养殖；抗病力强，耐热、耐寒的蚓种。再者应调查咨询好引进的该批种蚓是否出现退化、提纯复壮，供种方是否提供

良好的售后服务及可靠的配套养殖技术等。

蚯蚓种良种跟作物一样，优良的品种是高产的最基本条件。目前，高产蚯蚓的品种有如下几种。

① 大平 2 号（自日本引进）（附图 1）。大平 2 号与赤子爱胜蚓同属一种。

附图 1　大平 2 号蚯蚓

② 北星 2 号。北星 2 号与赤子爱胜蚓同属一种。

③ 赤子爱胜蚓（俗名红蚯蚓）。

④ 威廉环毛蚓（俗名青蚯蚓）。

大平 2 号、北星 2 号、北京爱胜蚓等品种，耐热耐寒，抗病力强等，目前国内几乎都养殖这几个品种，特别是大平 2 号。选择了良种蚯蚓，成功率就有 50%。在蚯蚓养殖中，要根据所需蚯蚓用途的不同，选择不同的蚯蚓品种，才能收到预期的养殖效益。

一年四季都可以引种蚯蚓，但是以春季和秋季较好，因为春季和秋季的气温适中，有利于运输，也有利于蚯蚓更快更好地适应新的环境。在引种的时候特别注意要尽量避免高温、高寒以及温差较大的时节。

四、蚯蚓养殖场的建立

（一）选择蚯蚓养殖场地

场地背向太阳、通风、排水良好，以适应蚯蚓喜阴暗，昼伏夜出的习性。场地应能防水浸、雨淋。无烟气、煤气、烟尘，空气新鲜，无直射阳光，避开嘈杂、噪声大、震动严重的地方。无农药和其他毒物污染，并能防止鼠、蛇、蚂蚁等的危害。

（二）建造蚯蚓养殖池

现主要介绍工厂规模化养殖法中养殖池的建造。这种养殖法，必须有一定的专用场地和设施，包括饲料处理场、控温车间、养殖床、卵茧孵化床及蚓加工车间、肥料处理及包装车间、商品化验室和商品仓库等一整套设备。当然，也可用分散养殖、集中处理的方法，如养殖部分可分给集体或个人进行，而工厂集中成品处理或加工。

饲料处理场：包括饲料的堆积发酵或分选粉碎之用，面积大小视规模而定。

养殖车间：可采用砖木结构，也可采用塑料大棚。温度控制在18～28℃。冬季可利用锅炉热气、地热、太阳能热水器或其他工厂的散热进行保温。夏天可用通风、喷水、缩小养殖堆等措施降温。塑料大棚宽约7米，长根据需要而定（如30米或60米或100米），高2米为宜。

（三）养殖蚯蚓的方式

在掌握了各种蚯蚓的生活习性和繁殖习性之后便可以人工养殖了。具体的养殖方法和方式应根据不同的目的和规模大小而定。其养殖方式一般可分为两大类，即室外养殖和室内养殖。室内养殖，按照养殖容器的不同，有盆养法、筐养法（蚯蚓养殖框见附图2）；室外养殖，常见的有池养法、沟槽养殖法、肥堆养殖法、沼泽养殖法、垃圾消纳场养殖法、园林和农田养殖法、地面温室循环养殖法、半地下室养殖法、塑料大棚养殖法（蚯蚓养殖大棚见附图3）、通气加温加湿养殖法等。虽养殖容器和场地各异，但其基本原理是相同的，就是要科学养殖。其中，盆养法仅适用于小规模的养殖，但有其优点，即养殖简便、易照管、搬动方便，温度和湿度容易控制，便于观察和统计。

大地养殖法适于野外大面积养殖。利用动植物互相促进的共生原理，施行土地双重利用，既就近利用了园林，作物的落叶、枯根，杂草，农家肥料等有机物，还可充分利用园林、大田作物适于蚯蚓栖息的有利条件。

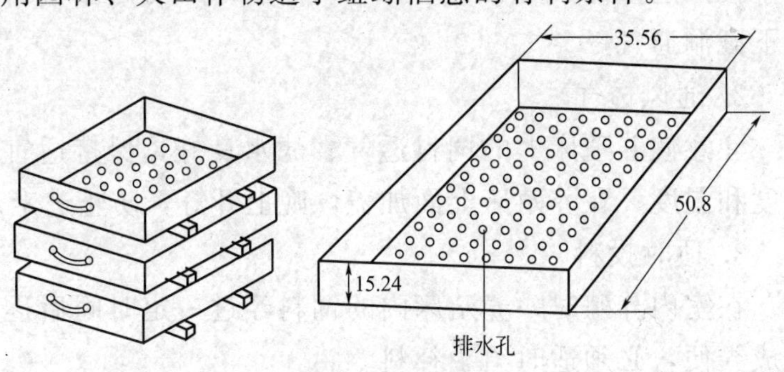

附图2 蚯蚓养殖框

（单位：厘米）

附图3　蚯蚓养殖大棚

五、蚯蚓的饲养管理技术

（一）日常饲养管理

1. 翻动料床

蚯蚓耗氧量较大，需经常翻动料床使其疏松，或者饲料中掺入适量的杂草、木屑，如料床较厚，可用木棍自上而下戳洞通气。

2. 通风透气

注意使养殖床上的饲料透气、滤水良好，保持适宜的温度和湿度；在养殖床上面加盖，晚上开灯，防止逃走。

3. 适时投料

在室内养殖时，养殖床内的饲料经过一定时间后逐渐变成粪便，必须适时给予补料。

4. 适时分养

在饲养过程中，种蚓不断产出蚓茧，孵出幼蚓，其密

度就随之增大。当密度过大时，蚯蚓就会外逃或死亡，所以必须适时分养和收取成蚓。

5. 定期清除蚓粪

清理蚓粪的目的是减少养殖床的堆积物并收获产品。清理时要使蚓体与蚓粪分离，对早期幼蚓可利用其喜爱高湿度新鲜饲料的习性，以新鲜饲料诱集幼蚓；对后期幼蚓、成蚓和繁殖蚓可用机械和光照及逐层刮取法分离，即用铁爪扒松饲料，辅以光照，蚯蚓往下钻，再逐层刮取残剩饲料及蚓粪，最后获得蚯蚓团。

6. 适时采收

适时采收，及时调节和降低种群密度，保持生长量的动态平衡。

7. 防止敌害

要预防黄鼠狼、鸟、鸡、鸭、蛇、老鼠等生物的危害。

8. 管理记录

要定时观察蚯蚓的生长发育、交配繁殖情况。

（二）投喂蚯蚓饲料的方法

根据养殖的目的和要求以及养殖规模和方法，采取不同的饲料投喂方法，例如混合投喂法、开沟投喂法、分层投喂法、上层投喂法、下层投喂法、侧面投喂法等。

不管采用哪种投喂方式，其饲料一定要发酵腐熟，绝不能夹杂其他对蚯蚓的有害物质。另外也可因地制宜，根据饲养方式、规模大小、不同的养殖目的和要求来投喂饲料，更重要的是要根据不同蚯蚓的生活习性来投放和改进投喂饲料的方法，以达到省料、省力、省时和能取得较高经济效益的目的。

（三）养殖密度

要提高产量，必须增加养殖密度。但养殖密度不是越大越好，而是有一定限度。超过密度，反而使个体生长和繁殖速度下降。养殖密度小，成活率和增长速度快，但产量低；密度过大，增长速度慢，成活率低。密度适中，生长速度虽不太快，但有一定的个体数量，因此可获得较高产量。合理的养殖密度对幼蚓的生长、繁殖速度有密切影响。选择合理的养殖密度要根据具体情况而定，如饲料充足、质量好、管理完善，密度可大，反之应小。此外，幼蚓期密度可大，成蚓期可小。以获取蛋白质为目的的，密度可大；以繁殖为目的的，密度可适当减小。

（四）蚓粪与卵茧的分离方法

在每年3～7月和9～11月繁殖旺季时，须用1周左右时间对在箱养和大型养殖床中的蚓粪与卵茧进行分离，分离方法有以下几种。

1. 框漏法

对经过几次加料，成蚓密度大、卵茧数量多、饲料已基本粪化的养殖床，把蚯蚓和粪粒一起装入底部有12厘米×12厘米的铁丝网的大木框，利用蚯蚓避光的特性，在光照下，蚯蚓会自动钻到下层，然后逐层把粪粒和卵茧一起刮入装料车，直至蚯蚓通过网眼、钻入下面新饲料上。再把粪粒和卵茧移入孵化床，在适宜温、湿度条件下，经30～40天，卵茧全部孵化，并长成幼蚓后，再继续用上述框漏法，把幼蚓与粪粒分离，幼蚓进入新养殖床。粪粒经风干、筛选、化验和包装，成为有机复合肥料

供应市场或自用。

2. 饵诱法

当养殖床基本粪化时，可以按以下方法：①停止在表面加料而在养殖床两侧添加新饲料；②待成蚓被诱入新饲料中，待绝大部分诱出以后，再将含有大量蚓茧的老饲料床全部清出，然后再把老床两侧的新饲料和蚯蚓合并，清出的蚓茧和蚓粪，移在放有新饲料的养殖床上面进行孵化；③待幼蚓孵出后，进入下层新饲料层取食，然后把上层的蚓粪用刮板刮出，进行风干，包装作有机肥料。

3. 刮粪法

利用光照，使蚯蚓钻入下方，然后用刮板将蚓粪一层一层刮下，最后蚯蚓集中在养殖床地面。取出的蚓粪和卵茧移入孵化床进行孵化培养。幼蚓孵出后，用同法再进行分离。

（五）蚯蚓越冬期管理

冬季管理主要是升温、保温。

冬季来临之前，应该在快到入冬季节、温度降低时，将蚯蚓移入地窖、室内或温室养殖，以免因严寒死亡。尤其在秋末冬初或初春季节，气候易变，昼夜温差过大，都应及早采取保温防冻措施。北方可利用温室、暖棚、菜窖、防空洞，也可在室内建土炕，增设火炉、暖气等加温设施，有的地方也可采用太阳能装置加温或用发电厂、钢厂余热，地热等加温。

养殖层加厚到 40～50 厘米，饲料上面覆盖杂草，上面再盖塑料薄膜。

利用发酵物生热保温：在养殖床底铺一层 20 厘米厚

的新鲜马粪，也可以掺部分新鲜鸡粪，粪的含量在50%左右，踏实后上面铺一层塑料膜，塑料膜上面放蚯蚓和饵料。总之，应保持蚯蚓养殖环境的温度和湿度，以便顺利越冬保种。

六、蚯蚓的育种与繁殖

（一）蚯蚓提纯与复壮

以赤子爱胜蚓为例，了解提纯复壮的基本方法。

1. 建立选种池

首先建立原种池、繁殖池、生产池等的分层次的繁育体系，不要混养，避免近亲交配导致品种的退化。

2. 选种

平时应注意选择红晕粗壮、长势好的蚯蚓放入原种池中，随时剔除那些退化、短小、体色异常、病态衰老的个体。

3. 提纯复壮的步骤

原种池不断培育出长势好、保持优良品种特征的蚯蚓原种。饲料厚度15厘米左右。平时不要翻动池中的饲料。

把原种池培育出来的优良品种进行第二级纯种繁殖，不断扩大优良品种数量，为生产提供大量的蚯蚓。

将从繁殖池移来的卵包或幼蚓投入生产池进行第三级繁殖。

4. 定期分床隔池

原种池与繁殖池每隔一定时间要换料1次，卵包进入另一池孵化，同时也不能让池中的酸度过高，具体的换料时间以具体情况而定，pH值可以作为一个参考。大体上是高温季节每隔15天左右、低温季节是30天左右要彻底

换除旧粪料1次，全部装入新饲料。原种池的旧料和卵包移入繁殖池孵化，繁殖池的旧料与卵包移入生产池孵化。料的厚度15厘米左右，含水量以手抓住饲料使劲地捏能捏出水即可，做到上松下湿不积水，才能提高孵化率。

（二）蚯蚓的交配和受精

蚯蚓雌雄同体，异体交配受精。性成熟（生殖环带肿胀）后即可进行交配。交配时把精子输送到对方的受精囊内暂时储存起来，为而后的受精作准备。在自然条件下，除了严冬或干旱外，蚯蚓一般从春季到秋末的暖和季节都能够繁殖；我国南方热带和亚热带地区以及北方人工保温养殖的条件下，一年四季都能够繁殖。蚯蚓的交配行为发生于地表或地下、饲料表面或饲料中，多在夜间进行。在地面或饲料表面有遮荫时，也可发生在白天。交配时，两个体头端彼此反向，各以腹面相对，双方的腺体强烈分泌黏液，借黏液紧贴在一起，有的蚯蚓彼此还以长而细的刚毛插入对方的体壁，以紧密接触。各自的雄性生殖孔与对方的受精囊孔相对，交换精液，交配时间约需2小时，受惊也不马上拆开。精子在储精囊中可储存3个月以上，即交配一次可3个月不必再进行交配。交配后，一般经过1～12天后可产卵，少数也有立即产卵者。附图4和附图5为正在交配的蚯蚓。

（三）繁殖技术要点

蚯蚓繁殖的最佳温度为20～30℃，在这个温度范围内蚯蚓交配最活跃，产卵量最大，孵化时间短，超过这一温度范围虽然也能繁殖，但效果要差一些。蚯蚓繁殖的最佳湿度为70%，如用手紧握饲料或培养基有几滴水从指缝流出，这时的湿度即相当于70%左右；如果水不断流下，这

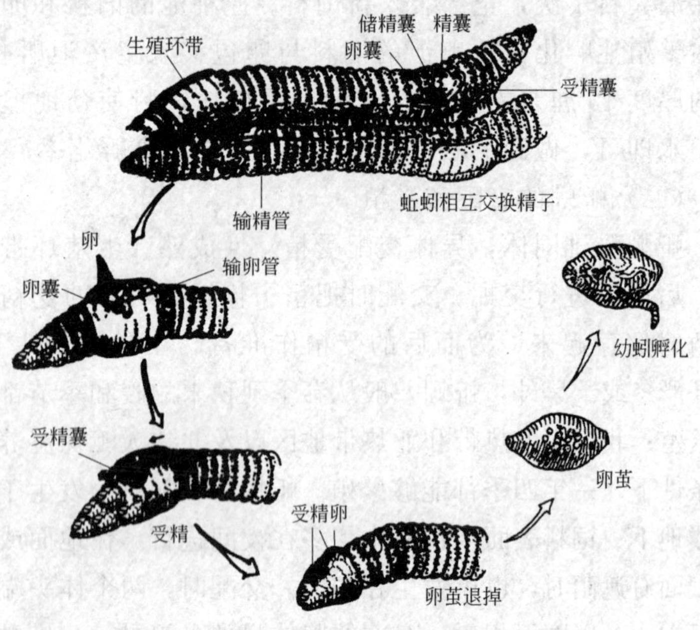

附图 4 蚯蚓的交配和卵茧形成

附图 5 正在交配的蚯蚓

时湿度超过 80%，不宜用来繁殖蚯蚓；如果没有水滴下，张开手后，培养基马上散开，这时湿度低于 60%，也不宜用来繁殖蚯蚓。蚯蚓繁殖的最佳酸碱度是 pH 7 左右。繁殖时注意添加牛粪、瓜果等营养丰富的饲料。

七、蚯蚓的疾病防治

（一）蚯蚓天敌的防除

一般杂食性、肉食性和寄生性的动物均是蚯蚓的天敌，如蜈蚣、螨、蜘蛛、寄生蝇、蚂蚁、蟾蜍、蛇、麻雀、画眉、喜鹊、乌鸦、老鼠等。针对不同的天敌用不同的防治方法。在蚯蚓养殖池或饲养床内常见的是螨、蚂蚁、蟾蜍和鼠类。为了防止危害蚯蚓的天敌进入池、床，可以在池、床外的四周撒布杀虫剂。为了避免蚯蚓误食杀虫剂而引起中毒死亡，也可以采取一些别的措施：在投放种蚓时尽量防止蚂蚁混入饲养池、床，加料时也要禁止蚂蚁随料进入池、床；用鼠夹或鼠笼捕捉鼠类，用猫杀鼠。

（二）蚯蚓饲料中毒症

（1）病因　新加的饲料含有毒素或毒气引发蚯蚓急速中毒。

（2）症状　蚯蚓局部甚至全身急速瘫痪，背部排出黄色或草体液，大面积死亡。

（3）防治方法　迅速减薄料床，将有毒饲料撤去，蚯蚓料床的基料加入蚯蚓粪吸附毒气，让蚯蚓潜入底部休息，慢慢就可以适应了。

（三）蚯蚓细菌性肠胃病

（1）病因　此病是由球菌（如链状球菌）在蚓体消化道内增殖引起的一种散发性细菌病，一般在高温多湿的气候下发生。

（2）症状　表现为初期严重拒食，继而钻出基料表面呈瘫软状，并频繁下痢吐液，3 天左右死亡。

（3）防治方法　将病蚓置于 400 倍的“病虫净”水溶

液中，在容器内斜放一木板，让其浸液消毒后爬上木板，凡无力爬上者为染病蚓，应予废弃。爬上者即取出投入新的基料中饲养。也可以参照“细菌性败血病”的治疗方法。

（四）蚯蚓绿僵菌孢病

（1）病因　此病由绿僵菌引起。该菌适应于温度较低的环境中，一般在春季与夏季发病，随着春季的气温升高，绿僵菌孢子的弹射能力及萌发能力降低，治病力也随之减轻了，患病的蚯蚓可以痊愈。但到了秋季就正好相反了，蚯蚓一旦染病绿僵菌孢子便会在蚯蚓血液中萌发，生出菌丝，置蚯蚓于死地。因此，此病主要是由于基料灭菌不严引起的，也就是基料是主要的感染源。

（2）症状　初期症状不明显，当发现蚯蚓的体表发白时，蚯蚓已停食，几天后便瘫软而死，尸体白而出现干枯萎缩环节，口及肛门处有白色的菌丝伸出，布满尸体表面。

（3）防治方法　首先要清除病蚓，更换养殖池与基料。其次是用100倍“病虫净”水溶液喷洒池壁，全面消毒。特别是在春秋季节的时候，更要消毒灭菌。一般每隔10天以400倍“病虫净”水溶液喷洒池壁1次，剂量为每平方米500～1000毫升。

八、蚯蚓的采收、运输与加工

（一）分离蚯蚓和粪土的方法

蚯蚓粪土是优质的肥料，采收蚓粪出售也是养殖蚯蚓的一项收入。蚓粪的分离，大多与采收蚯蚓同时进行，分离蚓粪的方法有网眼分离法、翻箱法、侧诱除法和茶籽饼

液浸泡法等。场养蚯蚓和粪土的分离，可采用网眼分离法，即利用蚯蚓怕光怕热的特点，把网放在饲养床的下面或上面，用光或热处理，迫使蚯蚓通过网眼分开，先用小眼网让小蚯蚓通过，再用大眼网让大蚯蚓通过，达到分离的目的。也可用翻倒木箱收集法，即当养殖床内蚯蚓的体重大多达0.4～0.5克时，把饲养箱放在阳光或灯光下，蚯蚓即往下钻，翻倒箱子，蚯蚓便在上面，就可用手捡取，更加简单。至于茶籽饼液浸泡分离法，此方法不但操作简单，而且劳动强度小。将捣碎的茶籽饼放入开水中浸泡半小时，倒出茶水（底层不要）作为蚯蚓和蚓粪的分离液，待水冷却后，加入3倍清水对原液进行稀释，装于口宽的大缸或者是大盆中待用。然后将装有蚯蚓和蚓粪的容器（有孔眼，以便蚯蚓爬出）完全浸入茶水里，晃动，大约10分钟把容器取出，立即浸没到清水中，蚯蚓就会从容器四周的孔眼爬出落到清水中，把清水排尽即可收取蚯蚓；蚓粪侧倒出地面摊开，让其自然风干，风干后蚓粪里的茶饼的有害成分则会自然消失。侧诱除法要和侧投饲料的方法相结合，即采用侧投饲料饲养蚯蚓后，蚯蚓多被引诱集中到侧面的新饲料中，这时可将中心部分已粪化的原饲料清除来，再把两侧新鲜的饲料推到原床位置即可。

（二）采收养殖场成蚓的方法

收取成蚓可以与补料、除粪结合起来进行。

1. 光照下驱法

利用蚯蚓的避光特性，在阳光或灯光的照射下，用木板逐层刮料，驱使蚯蚓钻到养殖床下部，最后蚯蚓聚集成团，即可收取。

2. 甜食诱捕法

利用蚯蚓爱吃甜料的特性，在采收前，可在旧饲料表面放置一层蚯蚓喜爱的食物，如腐烂的水果等，经2～3天，蚯蚓大量聚集在烂水果里，这时即可将成群的蚯蚓取出，经筛网清理杂质即可。

3. 水驱法

适于田间养殖。在植物收获后，即可灌水驱出蚯蚓；或在雨天早晨，大量蚯蚓爬出地面时，组织力量，突击采收。

4. 红光夜捕法

适于田间养殖。利用蚯蚓在夜间爬到地表采食和活动的习性，在凌晨3～4点钟，携带红灯或弱光的电筒，在田间进行采收。

5. 干燥逼驱法

对旧饲料停止洒水，使之比较干燥，然后将旧饲料堆集在中央，在两侧堆放少量适宜温度的新饲料，约经两天后蚯蚓都进入新饲料中，这时取走旧饲料，翻倒新料即可捕捉。

6. 笼具采收法

用孔径为1～4毫米的笼具，笼中放入蚯蚓爱吃的饲料。将笼具埋入养殖槽或饲料床内，蚯蚓便陆续钻入笼中采食，待集中到一定数量后，再把笼具取出来即可。

（三）运输蚯蚓的方法

这种方法对蚯蚓装运的安全系数要求高。例如大中蚓对湿度要求高，耗氧量相应亦大，从而箱内载体的含水率也应偏高，气孔率也偏大；而小蚓、幼蚓体弱，生理活动

能量较低，对载体湿度及气孔率要求不像大中蚓那样高。运输的距离远、装运量大时，必须进行合理包装后运输。运输方法：短距离运输可在容器内装入潮湿的饲料或用养殖床上所铺的草料当填充物，然后放入蚯蚓；长距离运输可用泥和碳作填充物或用养殖床上所铺的草料当填充物，外包以纱布，放入适当大小的容器内，然后放入蚯蚓。

少量的蚯蚓可装入铁盒或塑料筒，内装潮湿的草料，通过邮局邮寄。

分桌式载体的装运，即按蚯蚓大、中、小等级和所需生态要求的不同，进行对号选桌穴载体装运。这样，对于批量长途运输和长期储存都安全可靠，甚至在长达数月的常温季节内下开箱也不会发生任何死亡现象，而大的蚯蚓还会繁殖和正常生长。

运输中保持适宜的湿度和通气条件，到目的地后要除去死蚓和病蚓，尽快提供良好的生活条件。

参 考 文 献

[1] 陈梦林，韦永梅．竹鼠养殖技术．南宁：广西科学技术出版社，2011.

[2] 韩雅莉，潭竹钧．药用动物养殖大全．北京：中国农业出版社，1996.

[3] 林吕何．广西药用动物．南宁：广西科学技术出版社，1991.

[4] 潘红平．药用动物养殖．北京：中国农业大学出版社，2001.

[5] 潘红平．药用动物养殖及其加工利用．北京：化学工业出版社，2007.

[6] 唐伟．竹鼠养殖及疾病防治百问百答．北京：中国农业科学出版社，2012.

[7] 韦尚政．竹鼠养殖技术．长沙：湖南科学技术出版社，2011.

[8] 吴宝成，张红星，潘红平等．名贵药用动物养殖技术．南宁：广西民族出版社，1998.

[9] 张保国，张大禄．动物药．北京：中国医药科技出版社，2003.

[10] 张翊华等．珍稀动物性药材生产．北京：中国农业出版社，2000.